PETITE
AGRICULTURE
DES ÉCOLES

SUIVIE D'ÉLÉMENTS D'HORTICULTURE

Simples Notions
sur la Culture des champs et des jardins

Par M. le docteur SAUCEROTTE

Chevalier de la Légion d'honneur
Officier de l'Instruction publique.

QUATRIÈME ÉDITION.

PARIS

IMPRIMERIE ET LIBRAIRIE CLASSIQUES

MAISON JULES DELALAIN ET FILS

DELALAIN FRÈRES, Successeurs

56, RUE DES ÉCOLES.

PETIT COURS DE SCIENCES USUELLES ET AGRICOLES, avec questionnaires, à l'usage des écoles primaires et des pensionnats, par *M. le docteur Saucerotte*, professeur des sciences physiques et naturelles, chevalier de la Légion d'honneur, officier de l'instruction publique; 6 vol. in-18.

Chaque volume se vend séparément.

PETITE COSMOGRAPHIE DES ÉCOLES, simples leçons sur les astres et la Terre considérée comme corps céleste : troisième édition; in-18, avec gravures dans le texte et planches gravées.

PETITE HISTOIRE NATURELLE DES ÉCOLES, simples leçons sur les minéraux, les plantes et les animaux qu'il est le plus utile de connaître : quatorzième édition; in-18, avec gravures dans le texte.

PETITE PHYSIQUE DES ÉCOLES, simples leçons sur les applications les plus utiles de cette science aux usages de la vie : onzième édition; in-18, avec gravures dans le texte.

PETITE CHIMIE DES ÉCOLES, INDUSTRIELLE ET AGRICOLE, simples leçons sur les applications les plus utiles de cette science à l'agriculture, à l'industrie et à l'économie domestique : quatrième édition; in-18, avec gravures dans le texte.

PETITE AGRICULTURE DES ÉCOLES, suivie de notions d'Horticulture, simples leçons sur la culture des champs et des jardins : quatrième édition; in-18, avec gravures dans le texte.

PETITE HYGIÈNE DES ÉCOLES, simples leçons sur les soins que réclame la conservation de la santé : douzième édition; in-18, avec gravures dans le texte.

PETITE
AGRICULTURE
DES ÉCOLES

SUIVIE D'ÉLÉMENTS D'HORTICULTURE

Simples Notions
sur la Culture des champs et des jardins

Par M. le docteur SAUCEROTTE

Chevalier de la Légion d'honneur
Officier de l'Instruction publique.

QUATRIÉME ÉDITION.

\mathcal{A}0\ell\mathcal{A}

PARIS

IMPRIMERIE ET LIBRAIRIE CLASSIQUES

Maison Jules Delalain et Fils

DELALAIN FRÈRES, Successeurs

56, rue des Écoles.

1880.

AVERTISSEMENT.

———◦◦◦———

Au nombre des matières de l'instruction primaire sont comprises des notions d'agriculture et d'horticulture. Un programme de cet enseignement a été spécialement publié pour les écoles primaires rurales et pour les écoles normales primaires. Le gouvernement, secondant en cela les vues des comices et des sociétés vouées aux progrès de cet art, celles des économistes les plus distingués, a compris que, dans un pays essentiellement agricole comme la France, il n'existait aucune branche des connaissances humaines qui fût d'un intérêt aussi général, et que de tous les moyens de perfectionner l'art de la culture, source première de la richesse nationale, il n'en était pas de plus efficace que la diffusion par l'enseignement primaire des notions qui servent de base aux travaux des champs. Plusieurs mesures importantes sont venues témoigner de la volonté bien arrêtée de l'administration de faire entrer ces vues dans la pratique.

L'instituteur des campagnes doit donner à ses élèves ces notions élémentaires. Appelé à guider leurs premiers pas dans cette voie, il sera, comme on l'a dit, le lien entre les savants et les agriculteurs, entre la théorie et la pratique. — Cette tâche lui sera rendue facile (c'est du moins notre espoir) par le plan que nous avons adopté dans la composition de ce petit ouvrage, et par la clarté que nous nous sommes efforcé d'y conserver au style. Si nous n'avons pas été arrêté dans cette entreprise par les publications qui ont déjà paru sur le même sujet, c'est que nous avons pensé que ce concours de travaux et d'efforts, où chacun est animé du désir de faire mieux que ses devanciers, devait, en dernière analyse, tourner au profit des études. Nous avons rédigé ce volume de manière à en faire un livre élémentaire qui fût à la portée des enfants et qui répondît à toutes les questions du programme d'enseignement.

Nous insisterons, en terminant, sur la

nécessité de conduire les élèves dans les champs; de leur faire voir et toucher les diverses sortes de terres; de leur montrer les différentes parties dont se composent les plantes; de leur expliquer le mécanisme des instruments aratoires, et de les faire même fonctionner sous leurs yeux; enfin de leur faire visiter, là où la chose est possible, une ferme modèle. L'instituteur qui aurait à sa disposition un terrain où il pourrait exercer ses élèves serait blâmable de ne pas leur ouvrir cette source féconde d'instruction : c'est un moyen de leur inspirer un vif attrait pour les matières qu'on leur enseigne. Rien ne plaît autant aux enfants que l'action; aucun enseignement ne leur profite mieux que celui qu'ils acquièrent par les sens. C'est d'ailleurs, au point de vue de l'hygiène, une diversion extrêmement favorable au développement de leurs forces naissantes. Ils puiseront dans ces exercices une vigueur de constitution que les travaux sédentaires de l'école ne peuvent leur donner, et qui leur sera si nécessaire dans la profession laborieuse de cultivateur.

En parcourant cette nouvelle édition, on

verra que nous l'avons mise soigneusement au courant des perfectionnements les plus récents de l'agriculture. Personne n'ignore les nombreux services que la chimie moderne rend à l'art de cultiver. Il importait donc de donner à ce petit traité un complément indispensable : c'est ce qu'a fait notre Éditeur par la publication de la *Petite Chimie des Écoles*, à laquelle nous renvoyons dans le cours de cet ouvrage, pour les développements qui lui appartiennent en propre.

PETITE AGRICULTURE

DES ÉCOLES.

————◆◆————

INTRODUCTION.

But et importance de l'agriculture. — Dignité et avantages de la profession d'agriculteur. — Divisions de ce livre.

L'agriculture a pour but de faire produire à la terre les plantes utiles à l'homme. Elle s'occupe encore de l'élève des bestiaux nécessaires à notre alimentation.

C'est l'art le plus indispensable, non-seulement à la prospérité, mais à l'existence même des sociétés, car les productions naturelles de la terre n'auraient pas suffi à nourrir le genre humain. Aussi, l'origine de cet art remonte-t-elle au berceau même des peuples, et l'on a pu dire avec raison qu'une nation riche de son sol ne peut jamais devenir pauvre.

Puisqu'il n'est pas d'art plus utile aux hommes que l'agriculture, on peut en conclure qu'il n'est pas de profession plus digne de considération que celle d'agriculteur. On peut ajouter qu'il n'en est pas où l'existence soit plus facile. Le cultivateur est plus indépendant que l'ouvrier des villes, car il n'est pas soumis aux règles sévères des ateliers ; plus tranquille sur l'avenir, car il n'a pas à redouter les chômages, et n'est pas exposé à manquer du nécessaire. Il n'est pas exempt de grandes fatigues, sans doute, mais ces fatigues contractées dans le travail en plein air ne tournent pas au détriment de sa santé, comme le travail

souvent insalubre de l'atelier. Ses occu-
pations mêmes l'attachent à ce sol ferti-
lisé par ses sueurs, à cette contrée où
ont vécu ses pères, à ces belles campagnes où l'on respire un air si pur, où
tout est pour lui un objet d'intérêt et
d'observations utiles.

Mais en agriculture, comme en toute
autre chose, il faut pouvoir se rendre
compte de ce que l'on fait, et ce serait
concevoir une bien fausse idée de ce bel
art, que de croire qu'il consiste uniquement en un certain nombre de pratiques
irréfléchies, fruit d'une grossière rou-
tine, et transmises de père en fils sans
aucun perfectionnement. Il fut un temps,
nous dit-on, où la France, ce beau pays
aujourd'hui si fertile, n'était couverte
que de forêts, de marais et de landes incultes, et où ses malheureux habitants
n'avaient pour toute nourriture que des

glands de chêne, des racines, ou la chair des bêtes sauvages. Des étrangers vinrent heureusement s'établir dans cette contrée, où ils introduisirent la culture des céréales, de la vigne, etc. Si les sauvages ancêtres de la nation française avaient repoussé ces étrangers sous prétexte qu'ils voulaient continuer à vivre comme avaient vécu leurs pères, nous ne serions peut-être à l'heure qu'il est que des sauvages comme eux, ignorants et dénués de tout. Mais si, depuis ces temps reculés, l'agriculture n'a cessé de faire des progrès, c'est qu'il s'est trouvé des hommes assez intelligents pour ne pas s'en tenir invariablement à ce qu'on avait fait avant eux.

Imitons-les, et sachons profiter de leurs travaux, au besoin même y ajouter quelque chose, si nous ne voulons être dépassés par ceux qui ont suivi les progrès de leur art. L'agriculture, entre les mains d'un ignorant, n'est qu'un métier pénible et peu lucratif ; pour le cultivateur instruit et expérimenté, c'est le premier des arts, et ce n'est pas le moins avantageux.

A l'agriculture se rattache l'horticulture ou jardinage, qui s'occupe plus spécialement des plantes et des fleurs dans les jardins. L'agriculture assure notre subsistance par la culture des céréales et l'élève des bestiaux. L'horticulture a pour but la production des légumes, des fruits et, en général, des plantes utiles ou agréables.

Quant à nous, nous aurons atteint notre but si nous réussissons à rendre à nos jeunes lecteurs les travaux agricoles plus faciles, plus attrayants et plus fructueux.

Nous avons divisé cet ouvrage en trois parties :

La première concerne la *ferme* et tout ce qui doit s'y trouver ; l'étude des instruments aratoires et l'élève des bestiaux en font partie.

La seconde comprend l'étude du *sol* et les *opérations agricoles* propres à le fertiliser au moyen d'engrais, d'assolements, etc.

La troisième a pour objet les *principales espèces de plantes* cultivées dans les champs et dans les jardins.

PREMIÈRE PARTIE.

LA FERME.

———◆◇◆———

CHAPITRE Ier.

*La ferme. — Son emplacement. — Ses diverses par-
ties. — Le logement du fermier. — Les granges.
— Les écuries et étables. — Le jardin potager.*

1. La *ferme* et tout ce qui doit s'y trouver, tel est le sujet de cette première partie.

Le mot *ferme* désigne l'ensemble des terres qui composent une exploitation agricole,
ou les bâtiments nécessaires à cette exploitation. — C'est dans ce dernier sens que
nous allons d'abord en parler[1].

1. Quoique la demeure de l'agriculteur ne soit
pas toujours à proprement parler une *ferme*, nous
avons dû prendre celle-ci comme terme de compa-
raison, ou comme un établissement modèle auquel
toute habitation rurale doit plus ou moins ressem-
bler, selon son importance.

2. Emplacement de la ferme. — Il est avantageux que la ferme soit située au milieu des terres qui en dépendent, et que celles-ci soient, comme on dit, d'un seul tenant ; la surveillance et le travail étant par là plus faciles. — Il faut qu'on puisse y arriver par des routes et des chemins bien entretenus, en communication avec les marchés voisins. — Elle doit être pourvue d'eau de bonne qualité, assez abondante pour les besoins du ménage, des bestiaux et du potager.

3. Diverses parties de la ferme. — Les diverses parties de la ferme sont : un *corps de logis* pour ses habitants, la *laiterie*, la *grange*, le *hangar* et les *greniers*, l'*écurie* et l'*étable*, la *basse-cour* et la *bergerie*, un *jardin potager*.

4. Le logement du fermier, de sa famille et de ses serviteurs doit être à l'abri de l'humidité, et assez spacieux pour que la santé des habitants ne souffre pas de son exiguïté. — Il ne faut pas qu'il se trouve à proximité des eaux stagnantes ou des fumiers en décomposition[1].—Pour être dans de bonnes conditions, la *laiterie* doit être voûtée, dallée et n'avoir de fenêtre qu'au nord. Elle doit être lavée fréquemment.

5. La *grange*, le *hangar*, les *greniers*, doivent être suffisants pour abriter les récoltes, les instruments et les machines aratoires en usage aujourd'hui. — Il faut que les charrois puissent entrer et sortir sans peine de la grange, que les batteurs puissent y travailler à l'aise, et les machines y fonctionner facilement.

6. L'*écurie*, destinée aux chevaux, et l'*étable*, réservée aux bêtes à cornes, seront assez spacieuses pour que l'air ne puisse s'y corrompre. Il est bon de donner 1 mètre 50 d'espace en largeur à chaque cheval.— Les fenêtres nécessaires au renouvellement de l'air seront placées en regard

---

1. Voir, pour plus de détails sur tout ce qui concerne la salubrité des habitations, notre *Petite Hygiène des Écoles.*

l'une de l'autre, et assez élevées pour que le courant d'air n'atteigne pas les bêtes. — Le sol doit être pavé et offrir une pente suffisante pour l'écoulement des urines, qui doivent être recueillies au dehors dans une fosse en maçonnerie ou dans des tonneaux enterrés à fleur de terre. — Le fumier sera enlevé le plus souvent possible.

7. Dans la *basse-cour*, où se trouvent les volatiles de la ferme, ainsi que les toits à porcs et les loges à lapins, une grande propreté est de rigueur. — Des compartiments doivent séparer ceux de ces animaux qui ne vivent pas en bonne intelligence entre eux. — Des précautions seront prises contre les dégâts qu'ils pourraient occasionner dans la culture, et contre les attaques auxquelles ils sont exposés de la part de certains animaux carnassiers (fouine, belette, renard, loup, etc.).

8. La *bergerie*, où l'on renferme les bêtes à laine, doit être exempte d'humidité, bien ventilée, et offrir un espace suffisant pour

chaque tête de bétail (80 centim. carrés environ). — Il faut y séparer les brebis mères des moutons destinés à l'engraissement.

9. Aux constructions précédentes une ferme doit joindre un *jardin potager* avec verger, à proximité du corps de logis, et destiné à fournir aux habitants de la ferme les légumes ou les fruits qui leur sont nécessaires, ou qui même peuvent être vendus avantageusement au marché voisin. — L'étendue du jardin doit être en rapport avec l'importance de l'exploitation : il ne faut pas que les soins qu'on lui donne fassent négliger la culture des champs.

Questionnaire.

1. Qu'est-ce que désigne le mot ferme ?

2. Qu'y a-t-il à observer relativement à son emplacement ?

3. Quelles sont les différentes parties de la ferme ?

4. Quelles précautions y a-t-il à prendre relativement au logement du fermier ? Comment doit être établie la laiterie ?

5. Qu'y a-t-il à observer quant à la grange, au hangar, aux greniers ?

6. — quant à l'écurie et à l'étable ?

CHAPITRE II.

Les habitants de la ferme. — Le maître et les ser-viteurs. — Leurs devoirs respectifs; qualités dont ils doivent faire preuve.

1. Habitants de la ferme. —Les habitants de la ferme se composent du fermier, de sa famille et, autant que l'importance de l'exploitation l'exige, de domestiques ou d'aides en nombre suffisant pour que le travail se fasse bien, sans excéder les forces des per-sonnes qu'on y emploie.

2. Aucune profession n'exige une activité plus soutenue que celle d'agriculteur. Il n'y a donc pas d'avantages importants à attendre d'une exploitation rurale où cha-cun n'apporterait pas, dans l'accomplis-sement de la tâche qui lui est confiée, tout le zèle dont il est capable. — Les devoirs qui découlent de cette tâche varient selon la position de chacun.

3. Le maître devra à tous l'exemple de la probité, de l'ordre et de l'activité. — Suffisamment instruit dans les principes comme dans la pratique de son art pour tout diriger par lui-même, il sera le premier levé dans la ferme et le dernier couché. — Juste et humain envers ses serviteurs, il saura reconnaître leurs services, et ne cherchera pas à faire sur leur nourriture, sur leur salaire, sur le travail qu'ils peuvent faire sans excéder leurs forces, des économies mal entendues, et qui auraient pour résultat d'éloigner les sujets laborieux et fidèles.

4. De leur côté, les serviteurs actifs, rangés, obéissants envers les maîtres, doux et patients avec les animaux, mettront leur amour-propre à remplir leurs engagements, et à acquérir une réputation de zèle et de probité qui les relèvera aux yeux de tous

dans la modeste condition où la Providence les a fait naître.

5. Mais il ne suffit pas que maîtres et serviteurs apportent dans les travaux qu leur sont dévolus toute l'activité dont ils sont capables ; il faut encore, pour le succès de l'entreprise, que ces travaux soient bien dirigés, et que l'agriculteur, propriétaire, fermier ou régisseur, sache faire l'emploi le plus profitable des ressources dont il dispose en ouvriers, en animaux, en matériel. — Il faut qu'il fasse une distribution bien entendue du travail et du temps pour toutes les branches de son exploitation, qu'il organise et modifie sa culture selon les circonstances, et qu'il ait la sagesse de se restreindre à ce qu'il peut bien soigner.

6. Pour arriver là et ne pas marcher au hasard, au risque de se ruiner, le cultivateur doit pouvoir se rendre un compte exact et détaillé des dépenses et des recettes de son exploitation. Une ferme peut être considérée, en effet, comme une fabrique

de denrées, qui ne peut, pas plus qu'une fabrique quelconque de produits industriels,
se passer de comptabilité.

7. Les éléments les plus indispensables
d'une comptabilité agricole sont : 1° un
inventaire exact et renouvelé annuellement
de tous les objets faisant partie de l'exploitation, avec leur estimation ; 2° un livre
de recettes et de dépenses pour toutes les
opérations journalières; 3° un autre livre
où le montant des unes et des autres soit
groupé ou réuni sur une même page, au
bout de chaque semaine ou de chaque mois.

Questionnaire.

1. Quels sont les ha-
bitants de la ferme?

2. Quelles dispositions
doivent-ils apporter dans
la tâche qui leur est
confiée?

3. Quels sont les de-
voirs du maître?

4. Quels sont ceux des
serviteurs?

5. Que faut-il encore
pour le succès d'une ex-
ploitation agricole?

6. Qu'y a-t-il à faire
pour arriver là?

7. Quels sont les élé-
ments indispensables
d'une comptabilité agri-
cole?

CHAPITRE III.

Les instruments aratoires de la ferme. — Instruments servant dans la culture à bras. — Instruments et machines employés dans les travaux exécutés à l'aide d'attelages.

1. Instruments aratoires. — On appelle ainsi les outils et les machines destinés à la culture des terres. Leur construction est très-variée et leurs usages sont très-divers. Il en est qu'on emploie dans la culture à bras, d'autres dans les travaux exécutés à l'aide d'attelages.

2. Les instruments généralement usités dans la culture à bras sont destinés, les uns à arracher les pierres, à creuser, à retourner ou à émietter la terre : tels sont les *pioches*, les *pics*, les *houes*, les *bêches*, les *pelles*, la *binette*, les *râteaux*; les autres à couper les mauvaises herbes ou à planter, tels que le *sarcloir*, le *plantoir*. —

Les *faux*, les *faucilles*, la *sape*, les *fourches*, les *fléaux*, sont employés dans les récoltes. — Ces outils sont trop connus et d'une construction trop simple pour exiger une description particulière.

3. Les instruments employés dans les travaux exécutés à l'aide d'attelages servent la plupart aux labours ou aux semailles. Les plus usités sont : la *charrue*, le *buttoir*, la *herse*, le *rouleau*, l'*extirpateur*, le *scarificateur*, la *houe à cheval*, et quelques machines plus compliquées. Il nous faut entrer ici dans quelques détails.

4. La *charrue*, le plus indispensable des instruments de labour, a pour but de couper la terre et de la soulever en la retournant, de manière à ce que la partie inférieure du sol soit ramenée à la surface.

5. Toute charrue, quelle que soit sa forme, est composée du coutre, du soc, du versoir, du sep, de l'âge et des mancherons. — Le *coutre* est une longue et forte lame d'acier ou de fer en forme de couteau, attachée à l'âge en avant du soc, et destinée à couper la tranche de terre qui doit être retournée par le versoir. — Le *soc* est une pièce plate, triangulaire, en fonte, en fer ou en acier, et qui coupe horizontalement la tranche de terre coupée verticalement par le coutre. — Le *versoir* ou *oreille* est une bande de fer, de fonte ou de bois, recourbée sur elle-même ou en forme de spirale allongée, et qui a pour objet de soulever et de retourner la terre détachée par le coutre et le soc. — Le *sep* ou *talon* est la pièce à laquelle se fixent les autres parties de la charrue et qui glisse au fond du sillon ; il est en fonte, ou en bois garni de bandes de fer pour résister au frottement. — L'*âge* ou la *flèche* est une pièce de bois à laquelle s'attache, en avant, l'attelage.— En arrière sont les *mancherons* dont se sert le laboureur pour diriger sa charrue.

6. Les charrues sont avec ou sans avant-train. Ces dernières, supérieures aux autres,

parce que le tirage est plus direct, s'appellent *araires*.

La charrue *Dombasle*, ainsi nommée du nom de son inventeur, est l'une des plus estimées (*fig.* 1).

Fig. 1. — Charrue Dombasle.

La meilleure charrue est celle qui trace les sillons les plus nets, et qui, à profondeur égale, exige le moins d'effort de traction.

La *charrue-taupe* ou *fouilleuse* est une charrue sans versoir, qu'on emploie pour labourer le sous-sol sans le ramener à la surface et pour faciliter l'écoulement de l'eau surabondante.

7. Le *buttoir* (*fig.* 2) est une charrue à double versoir, qui rejette la terre à droite et

à gauche, et qu'on emploie dans la culture des plantes qui ont besoin d'être *buttées*, c'est-à-dire entourées de terre jusqu'à une certaine hauteur, pour conserver plus de fraîcheur et mieux résister aux vents : tels sont le maïs, la pomme de terre, etc. — Le buttage peut se faire également avec la houe à la main. — Le buttoir sert aussi à ouvrir des rigoles destinées à l'écoulement des eaux.

Fig. 2. — Buttoir.

8. La *herse* (*fig.* 3) est composée d'un châssis en bois, de forme carrée, triangulaire ou en losange, et garni de dents en fer ou en bois qui tracent à la surface du sol des raies ou sillons rapprochés et super-

ficiels. — On se sert de cet instrument pour ameublir la terre après le labour, la mélanger avec les amendements ou les engrais; pour recouvrir les semences après les semailles ou pour détruire les mauvaises herbes. — Elle exécute dans la culture ce que fait le râteau dans le jardin.

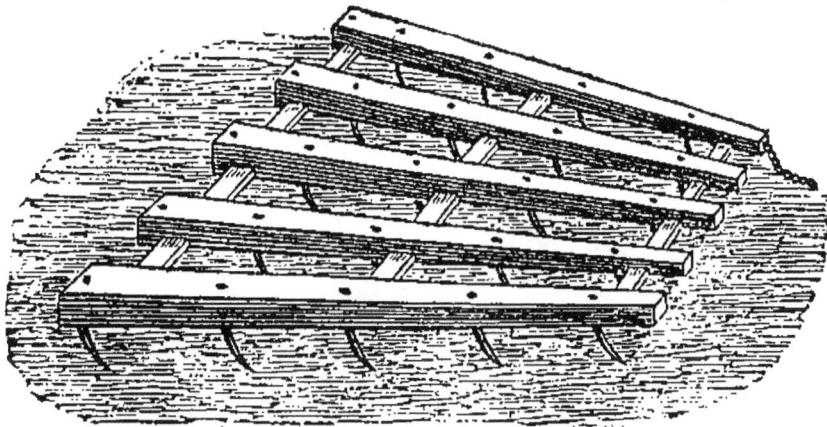

Fig. 8. — Herse.

Le *rayonneur* est une sorte de herse munie de dents recourbées, qui trace des rayons ou raies régulièrement distantes, pour les plantes semées en lignes. — La *houe à cheval* est aussi une espèce de herse très-légère, à dents tranchantes, et qu'on emploie dans la culture des plantes sarclées pour couper les mauvaises herbes qui lèvent entre leurs lignes.

9. Le *rouleau* consiste ordinairement en un cylindre en bois dur, en fonte ou en pierre, tournant autour d'un axe ou d'une tige, aux deux extrémités de laquelle s'attache un brancard destiné à transmettre la traction. — Quelquefois il est formé de cercles de fer montés sur un axe commun, comme on le voit dans la figure ci-jointe (*fig. 4*).

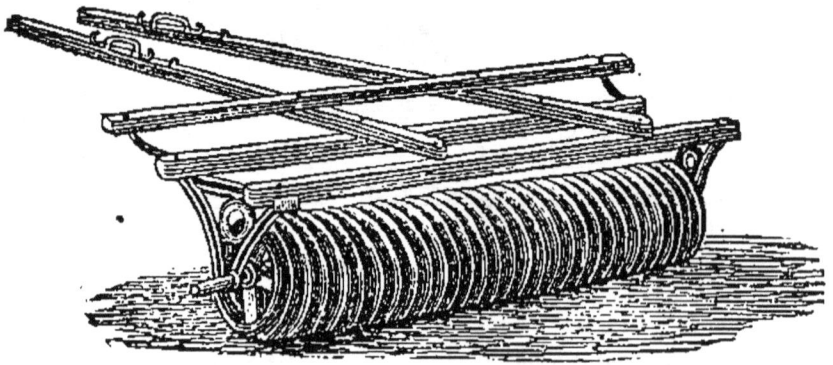

Fig. 4. — Rouleau.

On s'en sert pour écraser les mottes de terre que n'a pas divisée la herse, pour affermir par le tassement les sols légers, et enfoncer les semences ou les racines soulevées par les gelées.

10. L'*extirpateur* (*fig.* 5) est un châssis en bois assez semblable à la herse, et qui est armé de plusieurs socs sans versoir. Il remue superficiellement la terre sans la retourner, et sert à ameublir le sol, à le débarrasser des mauvaises herbes, à enfouir les semences, etc.

Fig. 5. — Extirpateur.

Le *scarificateur* en diffère en ce qu'en place de socs le châssis est garni de coutres, qui agissent plus profondément. Il sert aux mêmes usages, et s'emploie de préférence dans les terres compactes, durcies par la sécheresse.

11. Outre les instruments que nous venons de décrire, il est encore des machines

plus compliquées, d'un usage moins général parce qu'elles sont coûteuses, mais
qui ont le grand avantage de faire plus
rapidement et plus complétement des ou-
vrages qui, avec les outils ordinaires, réclament un très-grand nombre de bras. Les
principales de ces machines, que l'on per-
fectionne tous les jours, et dont nos jeunes
lecteurs apprécieront plus tard l'utilité,
sont : le *tarare*, qui sert à cribler les grains;
le *semoir*, le *coupe-racines*, le *hache-paille*;
les *machines à moissonner, à battre*, dont le
nom indique suffisamment l'usage. Dans les
grandes cultures, on se sert de machines à
vapeur nommées *locomobiles*, pour faire
marcher les machines à battre, à moissonner, et même les charrues.

12. Enfin, on doit compter encore dans
le matériel de la ferme les instruments destinés au transport de la terre, des engrais,
des récoltes, etc., à savoir : les chariots,
charrettes, tombereaux, brouettes, etc.

13. Il faut, dans un but d'ordre et

d'économie facile à comprendre, apporter beaucoup de soin au bon entretien des instruments de la ferme, et les abriter convenablement sous le hangar.

Questionnaire.

1. Qu'appelle-t-on instruments aratoires?

2. A quoi servent les instruments employés dans la culture à bras? — Nommez ces instruments.

3. Nommez les instruments qu'on emploie dans la culture exécutée à l'aide d'attelages.

4. A quoi sert la charrue?

5. De quoi se compose-t-elle? — Qu'est-ce que le coutre? — le soc? — le versoir? — le sep? — l'âge?—les mancherons?

6. Qu'appelle-t-on araires? — Quelle est la meilleure charrue? — Qu'est-ce que la charrue fouilleuse?

7. Qu'est-ce que le buttoir? — Qu'en fait-on?

8. Qu'est-ce que la herse? — Quel est son usage? — Qu'est-ce que le rayonneur? — la houe à cheval?

9. Qu'est-ce que le rouleau? — A quoi sert-il?

10. Qu'est-ce que l'extirpateur? — le scarificateur? — A quoi servent-ils?

11. N'y a-t-il pas encore d'autres machines aratoires? — Citez-les.

12. Que faut-il encore compter dans le matériel de la ferme?

13. Y a-t-il à prendre quelques soins des instruments de la ferme?

4

CHAPITRE IV.

Le bétail de la ferme. — Services qu'il lui rend. — Nombre et choix des bestiaux. — Conditions nécessaires à la bonne tenue du bétail. — De l'élève des bestiaux. — De leurs maladies.

1. Bétail de la ferme. — Le *bétail* ou les *animaux domestiques* qui secondent l'homme dans la tâche de fertiliser la terre sont, dit un agronome distingué, la base la plus sûre de la prospérité agricole. On peut, au seul aspect des bestiaux d'une contrée, juger de l'état plus ou moins avancé de son agriculture. C'est donc avec raison qu'on répète : « Qui soigne son bétail soigne sa bourse. »

2. Les bestiaux sont utiles au cultivateur sous plusieurs rapports : ils exécutent les travaux qui demandent de la force ; ils produisent le fumier ou l'engrais nécessaire à la fertilisation des terres ; enfin ils fournissent plusieurs produits nécessaires, soit à l'alimentation (comme le lait, le beurre, la viande, etc.), soit à l'industrie (comme la laine, le cuir, etc.).

3. Le nombre des bestiaux doit être proportionné à la quantité de fourrage qu'on peut récolter, et à celle du fumier dont on a besoin. Il doit être suffisant pour qu'on ne soit pas obligé de laisser dans certains moments les travaux en souffrance. — Quant au choix du bétail, la production de l'engrais n'étant pas le seul service qu'on en attende, il faut se procurer les diverses espèces de bêtes nécessaires aux divers genres de services qu'elles ont à rendre.

4. Plusieurs conditions sont nécessaires à la bonne tenue et à la santé du bétail. — La première de toutes, c'est une nourriture abondante et saine; car il ne faut pas oublier que les bestiaux sont, comme on l'a dit, des machines à engrais, et que s'il en coûte à qui les nourrit bien, il en coûte encore plus à qui les nourrit mal, puisque

c'est nuire à leur santé et diminuer d'autant la production du fumier. — La nature des aliments et la ration que l'on donne doivent être calculées sur les services qu'on attend de chaque genre de bétail. Une bête qu'on engraisse ou qui travaille beaucoup réclame des aliments plus copieux et plus fortifiants qu'une bête au repos. — Il faut faire manger le bétail à heure fixe et ne pas lui donner à boire une eau bourbeuse ou trop froide. — Il y a de l'inconvénient à passer brusquement de la nourriture sèche à la nourriture verte. Celle-ci exige d'être employée avec certaines précautions, pour ne pas nuire aux animaux.

5. Les autres conditions nécessaires à la bonne santé des bestiaux sont : la propreté des râteliers, mangeoires, auges; celle de la litière et du pavé; un air pur, une température moyenne, ni froide ni trop chaude; un travail modéré, de bons traitements. Les animaux traités avec dureté deviennent vicieux et ne sont plus propres à rien.

6. On ne peut se livrer à l'élève des animaux et travailler à l'amélioration des races, qu'après avoir étudié les conditions dans lesquelles telle ou telle race prospère. On doit examiner si ces conditions se trouvent réunies dans la localité que l'on habite; corriger celles qui sont susceptibles de l'être, et ne se servir, pour la multiplication de ces races, que des plus beaux sujets.

· Lorsqu'on veut engraisser un animal, il faut ne le prendre ni trop vieux ni trop jeune; doubler la ration ordinaire; cesser de le faire travailler et même, autant que possible, de le traire, et le tenir enfermé dans un lieu chaud et obscur. — L'engrais à l'étable se fait ordinairement en hiver.

7. Les *maladies* qui atteignent fréquemment le bétail ont presque toujours leur source dans l'omission des soins que nous venons d'indiquer, notamment dans l'insuffisance ou la mauvaise qualité de la nourriture, de l'eau, dans la malpropreté et l'insalubrité des étables, dans les fatigues

2.

excessives et les mauvais traitements. — Ces maladies, souvent difficiles à guérir, réclament les soins d'un vétérinaire expérimenté. — Elles ne peuvent que s'aggraver entre les mains d'empiriques qui, dépourvus de toute instruction, prétendent les guérir à l'aide de *charmes* ou de tous autres moyens ridicules, dont le moindre inconvénient est de laisser le mal atteindre un degré de gravité où il est au-dessus des ressources de l'art.

8. On reconnaît qu'une bête est malade quand elle ne mange plus bien, rend des matières plus fréquentes et plus claires, ou au contraire plus sèches et plus rares qu'en santé; lorsqu'elle a le regard abattu et marche péniblement. — Il faut, en attendant l'arrivée du vétérinaire, se contenter de donner du barbotage (son délayé dans de l'eau). — S'il s'agit d'une épizootie ou maladie contagieuse, on isolera la bête malade des autres et on brûlera sa litière[1].

1. Nous nous bornerons à indiquer ici, parce que la chose ne souffre pas de retard, la nécessité d'ad-

Questionnaire.

1. Quelle est l'importance du bétail dans la ferme?

2. Quels services les bestiaux rendent-ils aux cultivateurs?

3. Quel est le nombre des bestiaux nécessaires à la ferme? — Qu'y a-t-il, à observer relativement à leur choix?

4. Quelles sont les conditions nécessaires à la bonne tenue et à la santé du bétail?

5. En est-il encore d'autres?

6. Quelles sont les études nécessaires à l'élève des bestiaux? — Quels soins y a-t-il à prendre des animaux que l'on veut engraisser?

7. D'où proviennent les maladies des bestiaux? — Quels soins réclament-elles?

8. A quoi reconnaît-on qu'une bête est malade? — Qu'y a-t-il à faire en pareil cas?

ministrer promptement une cuillerée d'ammoniaque (alcali volatil) délayée dans un demi-litre d'eau, ou, à son défaut, une cuillerée de salpêtre dissous dans un verre d'eau-de-vie, aux bestiaux atteints subitement de *météorisation* (c'est ainsi qu'on désigne l'accumulation des gaz dans la panse) : accident très-commun chez les bêtes qui vont au pâturage. On peut, au bout d'une demi-heure, donner une nouvelle dose du remède, si le gonflement ne diminue pas.

CHAPITRE V.

Diverses espèces de bétail. — Espèce chevaline. — Espèce bovine. — Espèce ovine. — Espèce porcine. — Lapin. — Volaille.

1. On divise le bétail en différentes espèces, qu'on désigne collectivement sous les noms de bêtes *chevalines, bovines, ovines, porcines,* et de *volaille.* — Chaque espèce comprend plusieurs *races,* qui se reconnaissent à des caractères communs, transmissibles de génération en génération. — Nous allons faire connaître les particularités les plus essentielles de chaque espèce, au point de vue de l'agriculture [1].

2. Espèce chevaline. — Le *cheval* est employé à traîner des fardeaux ou à labourer la terre. — Le cheval mâle s'appelle *étalon,* la femelle, *jument ;* les petits sont des *pou-*

[1] Voir notre *Petite Histoire Naturelle des Écoles* pour les détails relatifs aux mœurs, aux instincts des animaux, à leurs diverses races, etc.

lains. — Ceux-ci peuvent commencer à travailler quand ils ont atteint leur troisième année. — Les qualités que l'on recherche principalement dans le cheval de trait sont : d'avoir la tête légère, large au sommet, mince à l'extrémité ; la poitrine et la croupe larges ; les épaules fortes, le garrot épais, les pieds moyens et à corne lisse ; la démarche assurée.—Les meilleures races françaises de labour et de trait sont, en première ligne, les chevaux *boulonnais,* puis les *percherons,* les *bretons,* les *comtois,* les *ardennais.*

L'*âne,* et le *mulet* qui provient de l'âne et de la jument, rendent d'utiles services, comme bêtes de transport, dans plusieurs parties de la France. Le mulet va dans les chemins les plus difficiles.—Les meilleures races sont, en France, celle de Gascogne et celle du Poitou.

3. Espèce bovine. — C'est le bétail qui rend les plus grands services à l'agriculture par le travail qu'il accomplit, par le lait qu'il fournit pendant sa vie, par les pro-

duits variés qu'on en tire après sa mort
(viande, cuir, etc.). — Le *bœuf* mâle s'appelle *taureau*, la femelle *vache;* les petits
sont des *veaux* ou des *génisses.* — Comme
bête de trait, le bœuf, qui peut travailler
dès l'âge de deux ans, accomplit presque
autant de travail que le cheval, mais avec
moins de promptitude. Il se nourrit à moins
de frais, demande moins de soins, et ne
perd pas toute sa valeur en vieillissant. —
Les bêtes bovines les plus propres au travail se distinguent par de gros membres,
une poitrine large, un garrot épais, une
croupe longue et forte. — Celles qui sont
propres à l'engraissement ont la tête et les
os plus petits, les jambes courtes, la peau
souple, le corps long et large. — Les bonnes
vaches laitières ont l'air doux, la tête fine,
les jambes minces, la poitrine ample, le
ventre large, le pis pendant, sillonné de
grosses veines, et derrière celui-ci, des
poils disposés en forme d'écusson, et qui
sont l'indice de qualités d'autant meilleures

qu'ils sont plus fins et que l'écusson est plus étendu. — Ces différentes aptitudes se trouvent quelquefois réunies dans les races perfectionnées qu'on élève aujourd'hui. — Les races *charolaise, normande, limousine, garonnaise*, réunissent le plus de qualités comme bêtes de travail et de boucherie. — Les meilleures vaches laitières sont les *flamandes*, les *bretonnes*, les *hollandaises*, les *bernoises* en Suisse. — Le meilleur âge pour l'engraissement est de six à huit ans.

4. Espèce ovine. — Ce sont les *moutons* ou *bêtes à laine*. Le mâle s'appelle *bélier*, la femelle *brebis;* les petits se nomment *agneaux*. — C'est un bétail d'une grande utilité par sa toison, par sa chair, par le suif qu'il fournit. Il est surtout avantageux là où se trouvent des pâturages maigres qui ne pourraient servir à d'autres bestiaux, et où les moutons aiment à paître en liberté. — Enfin, l'engrais qu'ils produisent peut, au moyen du parcage[1], être

1. Le parc est un enclos entouré d'une palissade

distribué sur les terres qui en ont besoin,
sans frais de transport. — Ce sont, de tous
les bestiaux, ceux qui ont le plus à redouter l'humidité. — L'expérience a démontré
qu'on ne doit tondre les bêtes à laine qu'une
fois l'an. — Leur laine est susceptible d'acquérir des qualités nouvelles sous l'influence de la nourriture, du sol et du climat.
— La race *mérinos,* originaire d'Espagne, est
celle qui produit la laine la plus fine, la plus
ondulée et la plus abondante. La race de
Naz (dans l'Ain) lui ressemble sous ce rapport. La race des *Flandres* donne une laine
plus longue et moins fine. Les moutons *ardennais, solognots,* de *pré salé,* sont les meil-
leurs pour la boucherie.

La *chèvre,* qui a pour mâle le *bouc* et
pour petits les *chevreaux,* ne diffère pas
essentiellement des bêtes ovines sous le rapport du traitement qu'elle exige. Elle est
surtout d'une grande ressource dans les

mobile, et où l'on renferme les bêtes à laine pendant la nuit, sous la garde du berger et de son chien.

pays de montagnes. On utilise son lait et sa peau.

5. Espèce porcine. — Ce sont les *porcs* ou *cochons*. Le porc mâle s'appelle aussi *verrat*, la femelle *truie*; les petits sont les *pourceaux* ou *cochonnets*. — On élève ces animaux pour leur chair ou pour leur graisse. Ils sont faciles à nourrir, et partant peu coûteux. Quoiqu'ils soient très-malpropres, il est bon de les laver souvent, et de renouveler fréquemment leur litière. — Il y a un grand nombre de races de porcs; les plus estimés sont : les *craonais*, les *normands*, les *bretons*, les *lorrains*. Les *tonquins* sont une race étrangère assez répandue en France.

6. Lapin. — Ce quadrupède s'élève dans des loges ou clapiers, ou dans des enclos nommés *garennes*. On l'engraisse pour sa chair qui est saine et assez nourrissante. On vend aussi sa peau.

7. Volaille. — On comprend sous ce nom tous les oiseaux de la basse-cour, *poules, oies, canards, dindons, pigeons*. On les élève pour leurs œufs, qui constituent (les œufs de poules notamment) une branche de commerce très-importante ; pour leur chair, qui est très-recherchée ; et quelques-uns (les oies particulièrement) pour leurs plumes. — Le mâle de la poule est le *coq*, ses petits sont les *poulets*. — Il y en a une très-grande variété. Les poules à pattes jaunes sont, dit-on, préférables pour l'engraissement, celles à pattes grises pour la production des œufs.

Le mâle de l'oie est le *jars*, ses petits sont les *oisons*. — La femelle du canard est la *cane*, ses petits s'appellent *canetons*. — La femelle du dindon ou la *dinde* a pour petits des *dindonneaux*. — Les dindons sont difficiles à élever ; mais leur élevage est productif, ainsi que celui des oies et des canards, là où l'on ne manque pas d'eau. Celui des pigeons l'est moins, en raison surtout des dégâts qu'ils font.

2.

Questionnaire.

1. Comment divise-t-on le bétail?

2. Parlez de l'espèce chevaline. — Quelles sont les qualités que l'on recherche dans le cheval de trait? Quelles sont les races chevalines propres au labour? — Qu'avez-vous à dire de l'âne et du mulet?

3. Parlez de l'espèce bovine. — A quels caractères se reconnaissent les bêtes bovines les plus propres au travail? — à l'engraissement? — les bonnes vaches laitières?

4. Parlez des bêtes ovines. — De quelle utilité sont-elles? Quelles sont les races de mouton les plus estimées?— Parlez de la chèvre.

5. Parlez de l'espèce porcine. Quelles sont les races porcines les plus estimées?

6. Parlez du lapin.

7. Quelles espèces désigne-t-on sous le nom commun de volaille? — Donnez quelques détails sur chacune d'elles?

DEUXIÈME PARTIE.

LE SOL

ET LES OPÉRATIONS PROPRES A LE FERTILISER.

———◆———

CHAPITRE VI.

Le sol et le sous-sol. — Composition du sol. — Terres sablonneuses, argileuses, calcaires, etc. — Nature du sous-sol. — Circonstances diverses qui influent sur la fertilité du sol.

1. Le sol. — L'agriculteur, pour opérer avec succès, doit d'abord connaître la nature et les propriétés de la terre qu'il cultive. — Cette terre se compose du sol et du sous-sol.

Le *sol* est cette couche superficielle de terre dans laquelle se développent les plantes. — On l'appelle encore terre *végétale* ou *arable* (c'est-à-dire labourable).

Le *sous-sol* est le terrain qui se trouve au-dessous du sol.

2. Composition du sol. — Le sol arable est d'autant meilleur qu'il est plus profond. Son épaisseur varie de quelques centimètres à un mètre. — Il se compose de matières *minérales* ou *brutes*, et de *matières organiques*.

Les matières *minérales* proviennent des roches ou substances pierreuses qui constituent la partie solide du globe : ce sont le *sable*, l'*argile* et le *calcaire*. — Les matières organiques sont formées de débris de plantes et d'animaux qui se décomposent à la surface du sol[1] : c'est cette terre noirâtre, légère, qu'on appelle *terreau* ou *humus*. — Les unes et les autres sont nécessaires à la croissance des plantes.

3. Aucune matière minérale ne pourrait

[1]. On les appelle *organiques* parce qu'elles proviennent d'êtres formés d'*organes*. On appelle organes les différentes parties des animaux et des plantes. Les êtres inanimés ou les minéraux sont dits *inorganiques*, c'est-à-dire **privés d'organes.**

non plus constituer à elle seule une terre propre à la culture. Il faut pour cela que le sable, l'argile et le calcaire soient mélangés dans de certaines proportions. De là résultent les terres *sablonneuses, argileuses, calcaires.*

4. On appelle terres *sablonneuses* ou *siliceuses* celles qui sont principalement composées de *sable* ou de *silice*[1], c'est-à-dire de petits grains très-durs, sans liaison. — Ce sont des sols légers, secs, perméables, c'est-à-dire se laissant traverser par l'eau et s'échauffant facilement, ce qui fait qu'on les classe parmi les terres *chaudes.*

5. On appelle terres *argileuses* ou *fortes* celles où domine l'argile (*terre glaise*), matière très-compacte, douce au toucher, durcissant et se crevassant quand elle est sèche, retenant l'eau et s'échauffant lentement, ce qui en fait une terre *froide.* — Plus diffi-

---

1. Voir notre *Petite Chimie des Écoles* pour l'explication des termes silice, argile, chaux, etc., chap. VIII et XIII.

ciles à travailler que les terres sablonneuses,
elles sont plus productives quand elles sont
débarrassées de leur excès d'humidité.

6. On appelle *terres calcaires* celles qui
offrent une forte proportion de *calcaire* ou
pierre à chaux[1]. Elles sont ordinairement
blanches, durcissent et se travaillent difficilement par la chaleur, retiennent peu l'eau
et décomposent rapidement les engrais, ce
qui les fait classer parmi les terres *chaudes*.
— Les terres calcaires sont favorables aux
grains.

Les terres *crayeuses* rentrent dans les
terres calcaires. — Les terres *gypseuses*
sont celles où domine le *gypse* ou pierre à
plâtre, laquelle a également pour base la
chaux.

7. Il y a encore des terres dites *d'alluvion :* elles résultent du dépôt dans les val-
lées des matières organiques et minérales

---

1. On reconnaît qu'une terre est calcaire quand
elle bouillonne dans les acides. Voir notre *Petite
Chimie des Écoles.*

tenues en suspension dans les rivières et les fleuves; — et des terres *marécageuses, tourbeuses,* formées par la décomposition de certaines plantes dans un sol humide, et qui pour cette raison sont souvent acides.

Enfin, on nomme *terres franches* celles qui, renfermant dans de justes proportions les différentes matières énoncées ci-dessus, ne sont ni trop consistantes ni trop friables, et se laissent pénétrer facilement par la chaleur, l'air et l'eau.

8. Nature du sous-sol. — Le *sous-sol,* dans lequel on ne trouve plus de matières organiques, est tantôt sablonneux, tantôt argileux ou calcaire, de même que le sol; mais il n'est pas toujours de la même nature que ce dernier.

9. Le sous-sol peut influer favorablement ou défavorablement sur la fertilité du sol, selon qu'il est perméable ou imperméable, c'est-à-dire qu'il laisse passer ou qu'il retient l'eau dont la terre arable est imprégnée. Ainsi, dans les terres siliceuses, un sous-sol argileux est avantageux en retenant l'eau qui traverse trop rapidement le sable ; dans les terres argileuses, qui conservent un excès d'humidité, un sous-sol sablonneux est préférable.

10. Outre la nature du sol, il est encore quelques circonstances qui influent sur sa fécondité : telles sont l'exposition, la forme de la surface, la couleur, le climat, etc. Ainsi, l'exposition au midi, avantageuse pour les terrains argileux, ne l'est pas autant pour les terrains calcaires. — Une surface en pente est préférable dans les terres argileuses, parce qu'elle permet l'écoulement de l'eau ; elle est nuisible dans les terres sablonneuses, parce qu'elle les dessèche. Enfin la physique nous démontre qu'un sol d'une couleur foncée s'échauffe plus facilement qu'une terre blanche[1].

1. Voir notre *Petite Physique des Écoles*, pour l'explication de ce fait, et en général pour tout ce qui concerne les phénomènes de l'atmosphère, dont la connaissance est si nécessaire au cultivateur.

Questionnaire.

1. Qu'est-ce que l'agriculteur doit d'abord connaître? — De quoi se compose la terre qu'il cultive?

2. Quelle est l'épaisseur du sol arable? — De quoi se compose-t-il? — D'où proviennent les matières minérales du sol? — D'où proviennent les matières organiques?

3. Une terre arable peut-elle être composée d'une seule matière?

4. Qu'appelle-t-on terres sablonneuses?

5. — terres argileuses?

6. — terres calcaires?

— Quelles sont leurs propriétés? — Qu'est-ce que les terres crayeuses? — gypseuses?

7. Qu'appelle-t-on terres d'alluvion? — terres marécageuses, tourbeuses? — terres franches?

8. De quoi se compose le sous-sol? — Est-il toujours de la même nature que le sol?

9. De quelle manière le sous-sol influe-t-il sur la fertilité du sol?

10. N'est-il pas encore d'autres circonstances qui influent sur la fertilité du sol? — Faites-les connaître.

CHAPITRE VII.

Préparation du sol. — Défrichement. — Écobuage. — Défoncement. — Défrichement des terrains boisés. — Culture des terres défrichées. — Épierrement.

1. Préparation du sol. —Un terrain n'est généralement propre à la culture qu'après avoir subi certains travaux préparatoires qui ont pour but de le débarrasser soit de la végétation sauvage qui le couvre, soit des pierres qui l'encombrent, des inégalités qui s'opposent aux labours, ou enfin des eaux qui séjournent à sa surface. De là la nécessité de défricher, d'épierrer, d'égaliser, d'assainir le sol qui n'a pas été jusque-là soumis à la culture. — Il faut, toutefois, n'entreprendre ces travaux qu'autant que le produit des récoltes peut compenser la dépense qu'ils occasionnent.

2. Défrichement, écobuage. — Il a pour but de convertir en terres cultivables des terrains boisés et des terres incultes ou en friche (landes). — Il y a différentes manières de pratiquer cette opération, suivant l'état où se trouve le terrain.

Dans les terres en friche, quand le sol est recouvert d'herbes épaisses, de nature tourbeuse ou argileuse, on peut commencer par écobuer. — L'*écobuage* consiste à enlever par mottes le gazon et les plantes qui s'y trouvent avec leurs racines ; à les faire sécher au soleil pendant quelques jours, puis à les mettre en petits tas, que l'on brûle lentement pour en répandre le plus également possible les cendres sur le sol, auquel on les incorpore par un labour. — Quand le sol ne se trouve pas dans les conditions ci-dessus mentionnées, il vaut mieux s'abstenir de cette opération, qui a pour effet de détruire en partie les principes fertilisants des plantes, qu'il eût mieux valu convertir en engrais.

3. Défoncement. — A l'écobuage on pré-fère, notamment dans les terres sablonneuses suffisamment riches en terreau, le *défonce-ment* du sol à 0,80 centimètres de profondeur, à l'aide de la pioche ou de la bêche. — La couche superficielle du terrain ainsi défoncé est mise de côté pour être ensuite répandue à sa surface.

4. Le défrichement des *terrains boisés* a pour but d'accroître la production des denrées alimentaires. — Cette opération, qui ne peut se faire sans une autorisation préalable de l'administration, parce que trop répétée elle produirait la disette de combustible, exige d'abord l'abattage des arbres et l'arrachement des souches. Puis, à l'aide d'un labour profond, on achève d'arracher les racines qui restent dans la terre, on les brûle et l'on en répand les cendres sur le sol. Un chaulage énergique est en outre souvent nécessaire après le dé-frichement des terrains boisés.

5. Quant au genre de culture qui doit

succéder au défrichement, il est relatif à la nature du sol. On commence souvent par y semer des pommes de terre, de l'avoine, du seigle ou du sarrasin. Une fumure de 800 à 1000 kilogr. de noir animal par hectare, si l'on en a à sa disposition, réussit bien après l'écobuage des terres incultes.

6. Épierrement. — Lorsque les roches ou les pierres roulantes sont assez abondantes dans un terrain pour mettre obstacle à l'action des instruments aratoires, on pratique l'épierrement, c'est-à-dire qu'on casse ces pierres : on les enlève ou on les enterre sous la couche arable, si elles sont d'un volume peu considérable. — Quant aux roches trop volumineuses pour être déplacées ou enterrées, elles obligent nécessairement à labourer dans les intervalles qui les séparent, ou à modifier la culture.

Les pierres peuvent, du reste, si elles ne sont pas en trop grand nombre, être favorables, soit à un terrain trop chaud, où elles entretiennent la fraîcheur; soit à une terre trop froide, dont elles diminuent la consistance, permettant ainsi à la chaleur d'y pénétrer ; soit aux sols légers, qu'elles consolident, surtout quand le terrain est en pente.

Enfin, les pierres peuvent, après avoir été cassées, être utilisées pour l'empierrement des routes et des chemins aboutissant à la ferme, et dont le bon état est une des conditions importantes de la prospérité agricole.

Questionnaire.

1. Quels sont les travaux à exécuter dans un terrain pour le rendre propre à la culture?

2. Quel est l'objet du défrichement? — Comment exécute-t-on cette opération? — En quoi consiste l'écobuage? — Quels sont ses inconvénients?

3. Quel procédé lui préfère-t-on quand il n'est pas indispensable?

4. Quel est le but du défrichement dés terrains boisés? — Comment s'exécute-t-il?

5. Quel genre de culture doit succéder au défrichement?

6. Comment pratique-t-on l'épierrement? — Les pierres peuvent-elles être favorables à un terrain? — A quoi peut-on les utiliser?

CHAPITRE VIII.

Assainissement du sol. — Procédés divers: rigoles et fossés d'écoulement; drainage. — Irrigation. — Ses différents modes.

1. Assainissement du sol. — On entend par *assainissement* les travaux qui ont pour objet de débarrasser le sol de l'eau qui s'y trouve en trop grande abondance, ce qui est une des circonstances les plus nuisibles à la culture. — Ces travaux sont particulièrement nécessaires aux terrains où, par suite de l'imperméabilité du sous-sol, des nappes d'eau stagnantes s'amassent au-dessous de la couche arable, s'opposent au succès des opérations agricoles et retardent la germination des graines, si même elles ne les empêchent de lever.

2. Procédés divers d'assainissement. — Les travaux d'assainissement consistent en *rigoles*, *fossés d'écoulement*, et dans le *drainage*.

Les *rigoles* sont des espèces de sillons de 20 à 30 centimètres de profondeur, et que l'on creuse dans le sens où le terrain penche, là où l'humidité n'est qu'à la surface. — Quand elles ne suffisent pas pour assainir le sol, il faut creuser des fossés d'écoulement ou drainer.

3. Les *fossés* consistent en tranchées larges et profondes que l'on pratique dans la partie la plus basse du terrain, et dans lesquelles se déchargent d'autres fossés plus petits, creusés dans le sens de la pente. — Ces fossés sont à ciel ouvert, ou ils sont couverts. Dans ce dernier cas, on jette au fond des tranchées des pierres cassées ou des fascines (menu bois), et l'on achève de les combler avec de la terre, de manière à pouvoir labourer à leur surface.

A ce genre d'assainissement, coûteux et imparfait, on préfère aujourd'hui le drainage, plus durable, plus complet et plus fructueux. L'accroissement de produit donné par le drainage peut aller, suivant la nature du terrain, de 12 jusqu'à 25 pour 100.

4. Le *drainage*[1] s'exécute à l'aide de tuyaux en terre cuite ou drains de 30 à 35 centimètres de longueur, et de 3 à 8 centimètres de diamètre, selon qu'il s'agit de tuyaux secondaires ou de tuyaux collecteurs, c'est-à-dire dans lesquels se déchargent les premiers. — Ces tuyaux se posent bout à bout, au fond de fossés étroits creusés là où l'on a reconnu la présence d'eaux souterraines. — L'eau s'infiltre dans les jointures des tuyaux par lesquels elle doit s'écouler. On facilite cet écoulement en déposant au-dessus des drains un lit de pierres concassées.

5. La distance à laquelle les drains doivent se trouver les uns des autres, la pente qu'il faut leur donner, la profondeur à laquelle il faut les enterrer, varient selon la nature du sol et son degré d'humidité.

1. D'un mot anglais qui signifie rigole.

Cependant on s'accorde généralement à leur donner depuis 90 centimètres jusqu'à 1 mètre 50 centimètres de profondeur, les drainages superficiels étant insuffisants ; et une pente de 5 millimètres à 1 centimètre par mètre. On laisse de 8 à 20 mètres d'intervalle entre chaque ligne de drains.

On peut tirer parti de l'eau qui s'écoule des drains et qui est très-limpide.

L'assainissement des prairies s'opère aussi, dans quelques cas, en les élevant par des terres rapportées qu'on y conduit.

6. Irrigation. — Lorsqu'un terrain, au lieu d'offrir trop d'humidité, pèche par l'excès contraire, on recourt aux *irrigations*, qui consistent à y faire arriver l'eau qui lui manque au moyen d'un cours d'eau qu'on y répand. — Cette opération est principalement appliquée, dans notre pays, aux prairies. — Pour en obtenir tous les avantages qu'on peut s'en promettre, il faut que l'eau soit en quantité suffisante et qu'elle soit de bonne qualité, car il est des eaux nuisibles à certaines cultures, ce que l'on vérifie par l'expérience.

7. Divers modes d'irrigation. — Il y a trois manières d'irriguer : par *ruissellement,* par *submersion* et par *infiltration.*

Dans l'irrigation par *ruissellement* à écoulement continu ou par prise d'eau, un fossé ou canal de dérivation reçoit l'eau d'un cours d'eau situé à la partie la plus élevée du terrain, et la verse à son tour, par de petits canaux de distribution, dans des rigoles creusées parallèlement au canal de dérivation, à 10 ou 15 mètres les unes des autres. De petits barrages pratiqués à l'aide de mottes de gazon retiennent l'eau à volonté dans ces rigoles, et l'obligent à se répandre en débordant sur l'espace de terrain qui les sépare. — Un fossé d'écoulement ou de décharge, situé dans la partie la plus basse du terrain, reçoit l'excédant de l'eau qui n'a pas été employée à l'irrigation.

Il faut, pour bien faire, que l'eau arrive partout et qu'elle ne séjourne nulle part.

— On laisse, en général, couler l'eau pendant la nuit et on l'arrête pendant le jour.

8. L'irrigation par *submersion*, plus particulièrement en usage dans les pays méridionaux, dans la culture du riz, etc., consiste à inonder complétement le sol, au moyen d'une vanne[1] établie sur un cours d'eau.

Dans l'irrigation par *infiltration* ou *imbibition*, particulièrement appliquée au jardinage, on remplit, à l'aide d'une prise d'eau, des fossés habituellement à sec et on y retient l'eau, qui, au lieu de se répandre sur la surface du sol, s'infiltre souterrainement par les parois de ces fossés.

9. L'irrigation est quelquefois utile à des prés marécageux, en remplaçant l'eau croupissante qui s'y trouve par une eau courante, plus favorable à la végétation.

Enfin, dans certains sols sablonneux et

1. Espèce de porte en bois qui s'élève ou s'abaisse pour laisser échapper l'eau ou pour la retenir.

stériles, on laisse parfois séjourner des eaux chargées de limon qui les fertilise. C'est ce qu'on appelle le *colmatage*.

Questionnaire.

1. Qu'entend-on par assainissement? — Dans quel cas est-il nécessaire?

2. En quoi consistent les travaux d'assainissement? — Qu'est-ce que les rigoles?

3. En quoi consistent les fossés d'écoulement?

4. Comment s'exécute le drainage?

5. Achevez de faire connaître ce procédé. — Péut-on utiliser l'eau du drainage? — L'assainissement des prairies peut-il encore se pratiquer d'une autre manière?

6. Dans quel cas recourt-on aux irrigations? — En quoi consiste ce procédé?

7. Quelles sont les diverses manières d'irriguer? — Comment s'exécute l'irrigation par ruissellement?

8. En quoi consiste l'irrigation par submersion? — par infiltration?

9. L'irrigation ne peut-elle pas être utile dans certains sols marécageux? — Qu'appelle-t-on colmatage?

CHAPITRE IX.

Amendements; leur nécessité. — Deux sortes d'amendements. — Amendements proprement dits. — La chaux; manière de l'employer.

1. Amendements. — Le sol n'offre pas toujours les conditions les plus favorables à la culture. Il peut, par l'absence ou par l'excès d'une des substances qui le composent naturellement (argile, sable, chaux), être trop sec ou trop humide, trop consistant ou trop léger, trop froid ou trop chaud. — Outre cela, les récoltes lui enlèvent annuellement un certain nombre des principes ou éléments nécessaires à l'accroissement des plantes. Ainsi, si l'on semait tous les ans dans le même champ du blé ou de l'orge, sans rendre au sol ce que ces plantes en ont tiré, on verrait d'année en année la récolte diminuer jusqu'à ne plus rien produire. — De là la nécessité des *amendements* ou des substances que l'on ajoute au sol pour en corriger la nature, et lui rendre les principes qu'il a perdus, ou qui ne s'y trouvent pas en quantité suffisante.

2. Les amendements sont de deux sortes : les *amendements proprement dits* et les *engrais*.

Les amendements proprement dits agissent mécaniquement ou physiquement sur le sol, c'est-à-dire qu'ils en changent les proportions et la consistance, de manière à le rendre plus perméable à l'air, à la chaleur, à l'humidité.

Les engrais agissent chimiquement sur les plantes, c'est-à-dire qu'ils leur fournissent les matières nécessaires à leur accroissement et qu'elles s'incorporent. — Nous allons parler successivement des uns et des autres[1].

---

1. La *physique* nous enseigne les qualités des corps qui tombent sous les sens, comme la dureté, la mollesse, le poids, la couleur, etc. La *chimie* nous apprend quelles sont les substances

3. Trois conditions sont nécessaires pour se servir avantageusement des amendements :

1° Il faut connaître la nature du sol sur lequel on veut les employer, et le genre d'amendements que ce sol réclame;

2° On doit savoir dans quelle proportion il est nécessaire de les employer;

3° Il faut qu'on puisse se les procurer assez abondamment, à bas prix, et les transporter facilement sur le sol que l'on veut fertiliser.

4. Amendements proprement dits. — Les substances qui réunissent le mieux ces diverses conditions et les plus usitées comme amendements sont : la *chaux*, la *marne*, le *plâtre*.

5. La chaux. — On désigne sous le nom de *chaux vive* ou *calcinée*, la pierre calcaire

qui entrent dans la composition de chaque corps, et l'action de ces corps les uns sur les autres. Des notions au moins élémentaires sur ces sciences sont d'une grande utilité pour l'agriculteur.

qui a été au four. C'est sous cet état qu'on l'emploie ordinairement en agriculture. — On la dépose sur le sol qu'on veut amender, par petits tas qu'on recouvre d'une couche de terre. Lorsqu'elle est réduite en poussière par l'action de l'air, on la répand sur le terrain à l'aide d'une pelle, ou on l'incorpore au sol au moyen d'un léger labour. — La pierre calcaire non calcinée a une action moins vive.

6. Cette opération, qu'on nomme *chaulage*, est spécialement utile aux terrains qui manquent de substances calcaires, ou qui n'en contiennent pas assez. Elle donne de la consistance aux terrains trop légers, ameublit les terrains trop compactes, les échauffe, et détruit les mauvaises herbes.

Il faut en moyenne 40 à 50 hectolitres de chaux vive par hectare dans les terres sablonneuses, trois ou quatre fois autant dans les terrains très-argileux, auxquels cet amendement convient particulièrement.

7. On emploie aussi un fort chaulage

pour combattre l'acidité fréquente dans les terres nouvellement défrichées (surtout quand elles sont tourbeuses), après les avoir préalablement assainies.

Les effets du chaulage sont durables; ils peuvent se faire sentir pendant dix à quinze ans.

Questionnaire.

1. Quelles sont les circonstances qui peuvent rendre le sol impropre à la culture? — Qu'en résulte-t-il, et qu'entend-on par amendements?

2. Combien y a-t-il de sortes d'amendements? — Qu'entend-on par amendements proprement dits? — par engrais?

3. Quelles sont les conditions nécessaires au succès des amendements?

4. Quels sont les amendements les plus usités?

5. Qu'appelle-t-on chaux vive ou calcinée? — Comment l'emploie-t-on?

6. A quels terrains cette opération est-elle particulièrement utile? — Combien faut-il de chaux vive pour amender un terrain?

7. Dans quel cas emploie-t-on encore le chaulage? — Les effets du chaulage sont-ils durables?

CHAPITRE X.

*Suite des amendements. — La marne; ses carac-
tères, son emploi. — L'argile et autres amendements. — Le plâtre et autres stimulants.*

1. La marne. — La *marne* est une chaux
mêlée de sable ou d'argile. C'est à la chaux
qu'elle doit ses qualités essentielles : aussi
agit-elle de la même manière, mais son action est moins forte.

On appelle *marne calcaire* celle qui est
principalement formée de chaux : c'est la
plus recherchée; — *marne argileuse,* celle
qui contient une plus forte proportion d'argile; — *marne sableuse,* celle qui contient
du sable.

2. La marne n'a pas toujours le même
aspect. Tantôt elle est blanche, tantôt elle
est colorée. Mais on la reconnaît toujours
à trois caractères : c'est, premièrement, de
se déliter, c'est-à-dire de tomber en pous-

sière à l'air; — secondement, de faire une bouillie avec l'eau; — troisièmement, de bouillonner comme le calcaire quand on l'arrose avec un acide (du vinaigre fort, par exemple).

3. La marne s'emploie de préférence à la chaux, parce qu'elle se trouve souvent sous la couche arable dans le terrain même que l'on veut amender, et puis parce qu'elle ne demande pas, comme la chaux, une cuisson préalable. — La marne calcaire s'emploie de préférence dans les terres argileuses qu'on veut réchauffer, dessécher, rendre plus perméables; la marne argileuse, dans les terres sablonneuses dont il faut augmenter la consistance et l'humidité; la marne sablonneuse se met dans les terres argileuses.

La manière d'employer la marne est la même que pour la chaux. C'est ce qu'on appelle *marnage*. Il se fait préférablement en automne, ou pendant les gelées sans neige.

4.

4. La quantité de marne nécessaire pour marner un terrain varie de 60 à 80 mètres cubes et plus par hectare, suivant le sol et la nature plus ou moins calcaire de la marne. — L'effet d'un bon marnage est encore sensible après plusieurs années.

5. L'argile et autres amendements.—L'*argile*, dont nous avons fait connaître précédemment les propriétés, peut aussi s'employer comme amendement dans les terres sablonneuses auxquelles on veut donner de la consistance. — Quand elle forme le sous-sol, on la ramène à la surface par un labour profond. — Quand on la transporte dans un champ, ce qui se fait plus rarement, à cause des frais que cela occasionne, on l'y abandonne pendant l'hiver, puis on l'enterre au printemps.

On utilise parfois aussi le *sable fin* qui se trouve à portée des terres argileuses trop compactes, en l'y mêlant avec de la marne.

6. Il est encore plusieurs substances calcaires ou siliceuses usitées comme amendements; telles sont, parmi les substances calcaires, les *faluns*, bancs de terre formés de coquillages brisés, très-communs dans la Touraine, où ils s'emploient comme la marne; — et parmi les substances siliceuses, les *tangues*, les *trez*, les *merles*, sables marins très-fins, mêlés de débris de coquillages, polypiers, etc., et qu'on utilise sur les côtes de Bretagne et de Normandie.

7. Le plâtre et autres stimulants [1]. — Le *plâtre* ou *pierre à plâtre* est rangé parmi les amendements qu'on appelle *stimulants*, parce qu'ils n'ont plus seulement pour but de modifier la nature du sol, mais qu'ils agissent directement sur les plantes en stimulant leurs organes, c'est-à-dire en leur imprimant plus d'activité. — Le plâtre s'emploie avant ou après la cuisson, à la dose de 2 à 4 hectolitres par hectare, dans les prairies artificielles particulièrement, au moment des semailles ou lorsque les plantes

1. Voir notre *Petite Chimie des Écoles*, chap. XIII.

ont déjà poussé de quelques centimètres. —
Les plâtras réduits en poudre peuvent s'employer comme le plâtre.

8. On peut rapporter à ce genre d'amendements les *cendres* de bois, de tourbe, de
houille, etc., qu'on répand à la volée dans
la proportion de 50 à 100 hectolitres par
hectare. Les cendres sont d'un emploi
avantageux sur les prairies, dans les terres
légères. Les cendres lessivées se nomment
charrée; moins actives que les cendres brutes,
elles doivent être employées en bien plus
grande quantité. — La *suie* provenant de la
combustion de la houille, du bois, etc., est
un stimulant énergique qui éloigne ou fait
périr les animaux nuisibles; elle s'emploie à
la dose de 150 à 200 kilogr. par hectare. —
On utilise aussi les *scories*, sorte d'écume
vitrifiée qui provient de la fonte du fer, et
qu'on a préalablement étendues sur les chemins pour y être broyées sous les roues des
voitures. Les scories sont un amendement
excellent pour les terres blanches crayeuses.

On les emploie à la dose de 10 hectol. environ par hectare. — *L'acide sulfurique*[1], étendu de 100 fois son poids d'eau, est employé avec avantage pour arroser les terres très-calcaires occupées par des prairies artificielles de plantes légumineuses.

Questionnaire.

1. Qu'est-ce que la marne? — Qu'appelle-t-on marne calcaire, — argileuse? — sableuse?

2. A quoi reconnaît-on la marne?

3. Pourquoi préfère-t-on souvent la marne à la chaux? — Dans quels terrains s'emploie la marne calcaire? — argileuse?—sablonneuse? — Quelle est la manière de l'employer?

4. Quelle quantité de marne faut-il employer? — Son effet est-il durable?

5. L'argile peut-elle s'employer aussi comme amendement? — Peut-on utiliser le sable pour le même objet?

6. N'est-il pas encore plusieurs substances calcaires et siliceuses à citer parmi les amendements? — Nommez-les.

7. A quel genre d'amendements rapporte-t-on le plâtre? — Comment s'emploie-t-il?

8. Quelles substances peut-on faire encore rentrer parmi les stimulants?

1. Voir notre *Petite Chimie des Écoles*, chap. vii.

CHAPITRE XI.

*Les engrais ; leur nécessité. — Diverses sortes d'en-
grais. — Engrais mixtes. — Le fumier ; ses diverses espèces ; soins qu'il exige ; manière de
l'employer. — Autres engrais mixtes.*

1. Engrais. — Les plantes auraient bien-
tôt épuisé le sol dans lequel elles croissent,
si on ne lui rendait, au moyen des engrais,
les principes que ces plantes lui enlèvent.

Les *engrais* sont des débris de matières
organiques d'où les plantes tirent leur principale nourriture. Ils sont aux végétaux ce
que les aliments sont aux animaux.

2. Il y a des *engrais végétaux* qui se
composent uniquement de débris de plantes ; des *engrais animaux*, qui proviennent
de débris d'animaux ; enfin des *engrais
mixtes*, comme le fumier, c'est-à-dire qui
se composent des uns et des autres. Nous
parlerons en premier lieu de ces derniers,

les plus importants et les plus usités, parce que ce sont ceux que l'on se procure en plus grande quantité.

3. Le fumier. — Le *fumier*, le plus usité des engrais mixtes, provient des déjections ou excréments des animaux mélangés à leur litière. — Il est d'autant meilleur et d'autant plus abondant que les animaux sont mieux portants, mieux traités, que leur nourriture est plus abondante et plus fortifiante, que la paille de leur litière est de meilleure qualité. — Les bestiaux nourris à l'étable donnent beaucoup plus de fumier que ceux qui sont nourris au pâturage.

4. Quoiqu'on mêle souvent les divers fumiers de la ferme, ces fumiers n'ont pas tous les mêmes propriétés.

On appelle *fumiers chauds* ceux qui, entrant promptement en fermentation, agissent rapidement et avec énergie; et *fumiers froids* ceux qui agissent plus lentement et avec moins d'activité. — Parmi les premiers sont le fumier de cheval et celui des *bêtes ovines;* ils conviennent particulièrement aux terres humides et froides. — Parmi les seconds, qu'on préfère pour les terres légères et sèches, sont les fumiers des *bêtes bovines* et du *porc* (ce dernier est le moins estimé). — Dans les terres ordinaires on emploie les fumiers mélangés.

5. La qualité du fumier dépend beaucoup aussi du soin qu'on en prend. Le fumier, déposé dans une fosse ou en tas sur une plate-forme légèrement inclinée pour permettre de recueillir le *purin* ou liquide qui s'en écoule, sera autant que possible préservé de la sécheresse ou de la moisissure. A cet effet, on le déposera sous un hangar à l'abri du soleil; on l'arrosera, s'il s'échauffe, avec le purin ou même avec de l'eau; on le recouvrira de plâtre en poudre pour empêcher l'évaporation des gaz, avec lesquels s'échapperaient une partie des principes fertilisants.

6. C'est une erreur de croire que le fumier trop fait ou passé, comme on le dit, à l'état de *beurre noir,* soit meilleur que le fumier moins fait, car il a perdu par l'évaporation une grande partie de ses principes fertilisants. Il ne faut donc pas le laisser trop longtemps en terre ou dans les fosses.

7. Le fumier conduit aux champs est recouvert peu de temps après par un labour, ou répandu à la surface sans être enfoui (ce qu'on appelle fumer en couverture). — La première méthode est préférable dans les sols argileux et les climats chauds et secs. — La seconde peut être employée sans inconvénients, quand le fumier n'est pas trop décomposé, dans les terres légères et dans les prairies.

8. La quantité de fumier à employer est relative, de même que la qualité, à la nature du sol et à celle de la culture. Une bonne fumure est, en moyenne, de 35 mille kilogrammes par hectare. — Aux terrains argileux, qui décomposent lentement les engrais, on accorde une forte fumure et un fumier long et pailleux (c'est-à-dire contenant beaucoup de paille), lequel divise le sol et l'empêche de se mettre en mottes. — Aux terrains sablonneux, qui décomposent plus rapidement les engrais, on ne donne qu'une fumure plus légère, mais on la réitère plus fréquemment, et un fumier gros et court, c'est-à-dire contenant beaucoup de matières animales et peu de paille. — Aux plantes qui ne vivent pas longtemps il faut des fumiers peu avancés.

9. On peut encore faire rentrer parmi les fumiers mixtes quelques engrais formés d'un mélange de matières minérales et organiques, telles que les *boues de rue,* les *compost,* les *os pilés,* le *noir animal.*

Les *boues de rue* sont fréquemment employées dans les jardins. — Les *compost* se fabriquent avec des débris animaux et végétaux qu'on mélange avec de la terre. Cet engrais, qu'on emploie surtout dans les prairies, permet d'utiliser toute sorte de déchets, les balayures, la sciure de bois, les fanes et les mauvaises herbes, etc.

3.

Les *os*, cuits ou crus, provenant des
boucheries, des cuisines ou même de certains terrains où ils sont enfouis à l'état fos-
sile, s'étendent par couches dans l'intérieur des fumiers, qui les ramollissent
assez pour permettre de les écraser facilement. Ainsi broyés, ils se répandent à la
volée sur le sol. On peut aussi dissoudre les
os dans l'acide sulfurique et employer le
dépôt que l'on obtient, après l'avoir fait
sécher. — Cet engrais, quoique fourni par
le règne animal, doit ses propriétés essentielles au sel calcaire[1] qui forme la base des
os. Cet engrais convient principalement
dans les terres sablonneuses, et il a un effet
très-durable. On l'emploie à la dose de 250
à 300 kilogrammes par hectare. — Le *noir
animal,* que l'on tire des raffineries de sucre,
est composé en partie de charbon d'os. Le
noir animal s'emploie surtout avec grand
avantage dans les terres incultes ou récem-

1. Voir notre *Petite Chimie des Écoles,* chap. VIII.

ment défrichées, à la dose de 4 à 500 kilogr. par hectare. — Les chiffons de laine préparés dans ce but, les *râpures de corne* qu'on se procure dans les fabriques de peignes, etc., ont à peu près les mêmes propriétés. —L'effet de ces divers amendements, le noir animal excepté, se prolonge plusieurs années.

Questionnaire.

1. Qu'est-ce que les engrais? — Qu'est-ce qui les rend nécessaires?

2. Combien y a-t-il de sortes d'engrais?

3. D'où provient le fumier? — Quelles sont les circonstances nécessaires à la production d'un bon fumier?

4. Tous les fumiers ont-ils les mêmes propriétés? — Qu'appelle-t-on fumiers chauds? — fumiers froids? — A quels terrains conviennent-ils?

5. D'où dépend encore la qualité du fumier? — Quels soins faut-il en prendre?

6. Le fumier le plus fait est-il le meilleur?

7. Comment emploie-t-on le fumier?

8. Quelle est la quantité de fumier à employer? — Faut-il plus de fumier à certains terrains qu'à d'autres?

9. N'y a-t-il pas encore d'autres substances qu'on peut faire rentrer parmi les fumiers mixtes? —Parlez des boues de rue; — des compost;

— des os broyés; — de | de ces amendements est-
la râpure de corne; — | il durable?
du noir animal.—L'effet |

CHAPITRE XII.

*Engrais animaux : l'urine, le sang et la chair, la
gadoue et la poudrette, la colombine, le guano,
l'engrais poisson. — Engrais végétaux : les engrais verts, les varechs, les tourteaux, etc.*

1. Engrais animaux. — Les *engrais animaux* sont liquides, comme l'*urine*, le *sang*,
ou solides, comme la *chair*, les *excréments*,
la *colombine*, le *guano*, l'*engrais poisson*.
— Ces engrais sont très-énergiques, mais
d'un effet peu durable. Ils conviennent surtout aux terres légères, aux prairies, aux
plantes hâtives (tabac, lin, etc.).

2. L'*urine*, étendue de **3** ou **4** fois son
poids d'eau, est transportée dans les champs
au moyen de tonneaux d'arrosage montés
sur deux roues. Il faut de **100** à **400** hectolitres d'urine par hectare.

3. La *chair* des animaux, et le *sang*, qui n'est qu'une chair coulante, constituent aussi un bon engrais, mais d'une utilité bornée, n'étant fournis que par les animaux abattus ou morts de maladie. *L'engrais poisson* se fabrique sur les bords de la mer avec des débris de poissons.

4. Les *matières fécales* ou excréments humains, composés de principes animaux et végétaux, s'emploient à l'état frais (*gadoue*) ou à l'état sec (*poudrette*). — La *gadoue* est souvent négligée en raison de la répugnance qu'elle inspire[1]; mais c'est un engrais très-puissant, qui convient à tous les sols et à toutes les plantes. — La *poudrette* a beaucoup moins d'énergie. Il en faut vingt-cinq à trente hectolitres par hectare dans la culture des céréales.

5. On donne le nom de *colombine* à la

---

1. On peut désinfecter les matières fécales en y mêlant des débris de charbon, du plâtre ou du sulfate de fer (vitriol vert). Un kilogramme de ce sel dissous dans cinq litres d'eau suffit pour désinfecter cinq mètres cubes de matières fécales.

fiente des pigeons et des oiseaux de basse-
cour en général. C'est un engrais puissant,
agissant à la manière des fumiers chauds et
qui ressemble au guano.

Le *guano*, qu'on trouve en dépôts consi-
dérables dans l'Amérique méridionale, sur
les côtes du Pérou et de la Patagonie, paraît
être formé des débris et des excréments,
accumulés depuis un temps immémorial,
des oiseaux de mer qui fréquentent ces contrées. — On l'emploie, selon sa force, depuis 250 jusqu'à 700 kilogrammes par hectare[1]. — Cet engrais se répand en poudre,
à la volée ou au semoir. Son effet, quoique
très-énergique, ne s'étend pas au delà d'une
année.

1. Le plus actif est le *guano du Pérou*. C'est une
poudre sèche, jaune pâle, brunissant à l'air, contenant des grumeaux blanchâtres. Elle a une odeur
piquante, ammoniacale, une saveur salée et âcre.
Cet engrais est souvent falsifié dans le commerce.
On reconnaît que le guano est de bonne qualité
lorsque, broyé avec de la chaux vive, il dégage un
gaz d'odeur piquante et désagréable.

6. Engrais végétaux. — Les engrais végétaux les plus employés sont : les *engrais verts*, les *varechs*, les *tourteaux*, les *marcs*, le *tan* et les *feuilles mortes*.

Les *engrais verts* proviennent de plantes qu'on enterre dans le sol par un labour profond, à l'époque de leur floraison. — On destine à cet usage les plantes qui croissent vite ou dont les graines ont le moins de valeur, telles que le sarrasin, la spergule, le lupin, la seconde ou troisième coupe de trèfle, le colza, le genêt, etc., selon le climat et la nature du sol. — Cette sorte d'engrais, assez coûteux, s'emploie de préférence dans les sols sablonneux, crayeux, et là où le fumier fait défaut; du reste, il ne le remplace pas complétement. — Son effet est peu durable.

7. Les *varechs* ou algues marines sont des plantes que l'on recueille sur les bords de la mer, et qui peuvent servir au même usage que les engrais verts. Ils s'emploient aussi à l'état de cendres.

Les *tourteaux*, c'est-à-dire le résidu des graines qui fournissent de l'huile (lin, colza, navette, etc.), constituent un engrais très-actif, qu'on peut employer aussi pour l'engraissement des bestiaux. — Il ne faut pas négliger non plus, quoiqu'ils n'aient pas la même activité, les *marcs*[1] de raisins, de pommes ou de poires fermentés ou mêlés avec la chaux; les *résidus de brasserie*; le *tan* ou la poudre d'écorce de chêne, les *feuilles mortes*, etc.

Questionnaire.

1. Comment divise-t-on les engrais animaux? — Quel est leur effet?

2. Comment emploie-t-on l'urine?

3. Quelles qualités ont la chair et le sang des animaux?

4. Sous quel état s'emploient les excréments humains?

5. Qu'appelle-t-on colombine? — Quelles sont ses propriétés? — De quoi est formé le guano? — Comment l'emploie-t-on?

6. Qu'est-ce que les engrais végétaux? — D'où proviennent les engrais verts?

1. Marc, reste des fruits dont on a exprimé le suc.

7. Qu'est-ce que les varechs ? — Que fait-on des tourteaux ? — N'est-il pas encore d'autres débris végétaux qu'il faut utiliser ?

CHAPITRE XIII.

Les travaux aratoires. — Labours et façons. — Diverses espèces de labours; conditions dans lesquelles ils doivent se faire. — Défoncement. — Des façons les plus usitées ; comment elles se pratiquent.

1. Labours. — Il ne suffit pas d'amender la terre, il faut encore la façonner de manière à ce que les plantes s'y trouvent dans les conditions les plus favorables à leur développement. — On donne le nom de *labours* aux travaux qui ont pour but d'ameublir le sol ou, en d'autres termes, de le soulever et de le diviser, de manière à le rendre plus perméable à l'air, à la chaleur et à l'eau. — Les labours ont en même temps pour résultat de mélanger les différentes couches de terrain, d'y détruire les mauvaises herbes, et de permettre aux plantes de s'y enfoncer plus profondément. C'est donc la plus importante de toutes les opérations agricoles.

2. Quoiqu'on puisse pratiquer des labours à bras avec la bêche, la houe, etc., les labours proprement dits s'exécutent ordinairement avec la charrue. — On donne plus particulièrement le nom de *façons* aux labours qui s'exécutent avec les autres instruments de culture; tels que le *hersage*, le *binage*, le *sarclage*, le *buttage*.

3. Labours à la charrue. — Les labours à la charrue se pratiquent de trois manières différentes : à *plat*, en *planches* et en *billons* ou *ados*.

Dans le *labour à plat* on renverse la terre toujours du même côté dans la raie qui vient d'être ouverte, de sorte que le champ ainsi labouré offre une surface unie. — Ce procédé est préférable aux autres dans les terrains assainis, ou qui ne sont pas naturellement trop humides.

Le *labour en planches* ou gros billons consiste à pratiquer de distance en distance des sillons profonds, qui ont pour but de faciliter l'écoulement des eaux. — On l'emploie spécialement dans les terrains humides, en pente douce.

Le *labour en petits billons* ou *ados* n'en diffère qu'en ce que les sillons sont plus rapprochés les uns des autres, et la terre bombée ou en dos d'âne entre eux. — Quoique cette espèce de labour soit la plus employée dans beaucoup de localités, parce qu'elle est plus rapide et qu'elle exige moins de tirage, elle a plusieurs inconvénients, entre autres ceux de laisser au milieu de chaque billon une partie inculte, et de gêner beaucoup l'action des instruments aratoires.

4. Dans toutes les formes de labours, il faut que l'entrure ou la raie ouverte par la charrue soit nette, parfaitement droite, plus profonde que large, et partout d'une égale profondeur. — Il est nécessaire pour cela que la charrue marche sans secousses,

et que le sol ne soit ni trop sec ni trop humide.

5. Le nombre et la profondeur des labours doivent être en rapport avec la nature du sol et avec celle des plantes que l'on veut semer. Ainsi les terres fortes, celles qui sont en friche, exigent des labours plus fréquents et plus profonds que les terres légères ou qui sont déjà cultivées. — Les plantes dont les racines s'enfoncent à une grande profondeur demandent des labours moins superficiels que celles dont les racines s'étendent horizontalement sans beaucoup s'enfoncer, comme les céréales. — Le premier labour est ordinairement le plus profond.

6. C'est en automne et au printemps qu'on pratique communément les labours. Les premiers ont principalement pour but d'ameublir le sol. — Les labours qui ont pour but la destruction des mauvaises herbes se font à différentes époques, suivant la nature de ces herbes.

7. Défoncement. — Le *défoncement* est un labour profond qu'on emploie quand on veut ameublir un sous-sol imperméable, ou ramener à la surface d'un sol trop léger un sous-sol plus compacte.

Cette opération s'exécute à la bêche, à la pioche, ou en faisant passer deux charrues l'une après l'autre dans la même raie. — Avant de la commencer, on enlève le terreau ou les couches superficielles du terrain en plusieurs tas, qu'on répand ensuite soit seuls, soit mêlés avec de la chaux, sur la surface défoncée. — L'entrée de l'hiver est l'époque la plus favorable aux défoncements.

8. Façons. — Les *façons* les plus usitées, après le labour, pour l'ameublissement ou pour le nettoyage du sol, et pour son bon entretien depuis les semailles jusqu'à la récolte, sont : le *hersage*, ou l'ameublissement du sol à l'aide des différentes herses, opération que l'on pratique souvent dans la culture des céréales et après les labours; — le *binage,* ou l'ameublissement du sol autour des plantes sarclées à l'aide de la binette, de la ratissoire, de la herse à la main, de la houe ; — le *sarclage* ou la destruction des herbes nuisibles aux céréales et aux plantes cultivées en lignes, à l'aide du sarcloir, de l'extirpateur ou du scarificateur ; — le *buttage,* ou l'accumulation de la terre au pied des plantes qui ont besoin d'être buttées.

9. Ces diverses opérations se font le plus souvent au printemps, lorsque la terre n'est ni trop sèche ni trop humide ; mais on les répète aussi fréquemment qu'on les juge nécessaires au développement des plantes. — Il faut arracher les mauvaises herbes avant l'époque où leur semence arrive à maturité. — Plus un sol est remué, plus il est perméable à l'air, à la chaleur, à l'eau, plus il est débarrassé des plantes nuisibles à la culture.

Questionnaire.

1. Qu'appelle-t-on labours?

2. Comment s'exécutent-ils?

3. Combien y a-t-il de sortes de labours? — Qu'est-ce que le labour à plat? — en planches? — en billons?

4. Quelles sont les règles à suivre dans toute espèce de labour?

5. Qu'y a-t-il à observer relativement au nombre et à la profondeur des labours?

6. A quelle époque se pratiquent les labours?

7. Qu'est-ce que le défoncement? — Comment s'exécute-t-il? — A quelle époque?

8. Quelles sont les façons les plus usitées après le labour? — Parlez du hersage; — du binage; — du sarclage; — du buttage.

9. A quelle époque se font ces opérations?

CHAPITRE XIV.

Les semailles. — Semailles à la volée, au semoir. — Choix des semences. — Chaulage. — Conditions à observer dans les semailles. — Opérations à exécuter à la suite de l'ensemencement. — Transplantation.

1. Semailles. — Quand le sol est convenablement amendé, ameubli par les labours et nettoyé des mauvaises herbes, il reste à l'ensemencer, c'est-à-dire à y déposer les graines qui doivent y germer et y reproduire les plantes. — C'est généralement, en effet, sous la forme de semences ou de graines, que les cultivateurs confient à la terre les plantes qu'ils se proposent de cultiver. C'est l'opération que l'on appelle *semailles* ou *semis*. « Blé bien semé est à demi récolté, » dit un proverbe; cela prouve de quelle importance est cette opération.

2. Il y a deux manières de semer : à la *volée* et en *ligne*, ou au *semoir*.

Semer *à la volée* ou *à la main*, c'est répandre les graines tout autour de soi à mesure que l'on s'avance sur le terrain. — Quand on sème à la volée, ce qui est le procédé le plus employé, on doit faire en sorte que les graines soient réparties aussi également que possible sur toute la surface du sol. Il faut, dans ce but, semer par un temps calme.

3. L'ensemencement en *ligne*, qui se fait volontiers au semoir[1], consiste à distribuer les graines en lignes régulières dans des sillons qu'on écarte à volonté. — Les graines ainsi enfouies à la même profondeur, soit seules, soit mêlées à un engrais en poudre (si l'état du sol l'exige), sont dans les meilleures conditions pour lever. Ce procédé per-

---

1. Le semoir consiste en une caisse montée sur roues, et dans laquelle on place le grain, qui en sort d'une manière égale par des tuyaux en tôle ou en fer-blanc, pendant que la machine avance.

met, en outre, d'économiser un tiers au moins de la semence.

4. Il importe de bien choisir les semences et de ne se servir, autant que possible, que de semences propres, c'est-à-dire pures de mélange avec d'autres, et provenant de plantes saines et vigoureuses. — A quelques exceptions près, les semences nouvelles sont préférables aux anciennes. — Il est bon, dans quelques cas, de les changer, ou de les faire venir d'un autre lieu.

5. Il est souvent nécessaire aussi, pour préserver les graines des maladies auxquelles elles sont exposées, de les *chauler*. Dans ce but, on brasse le grain dans une bouillie faite avec de l'eau et de la chaux vive, à la dose de 4 kilogr. de chaux et de 8 à 10 litres d'eau pour un hectolitre de blé.

On peut aussi humecter le grain avec du sulfate de soude dissous dans l'eau (à la dose de 1 kilogr. de sel dans 6 litres d'eau pour un hectolitre de blé), puis le saupoudrer immédiatement avec 2 kilogr. de chaux en poudre.

Le chaulage est plus énergique quand, au lieu de sulfate de soude, on emploie le sulfate de cuivre (vitriol bleu) à la dose de 250 grammes dissous dans 6 litres d'eau[1].
— Cette opération, qu'on nomme *chaulage* ou *sulfatage* des grains, a pour but de préserver le blé de la carie, du charbon, etc.

Le *pralinage* est une autre préparation analogue qui consiste à saupoudrer les grains, préalablement arrosés d'eau, d'urine ou d'une dissolution de sel de nitre[2], avec un engrais en poudre, tel que le noir animal, le guano : le premier à la dose de 400 kilogr., le second à la dose de 150 ou 200 kilogr. par hectolitre.

6. L'époque à laquelle il faut semer, la

1. Voir notre *Petite Chimie des Écoles,* pour ces mots : *sulfate de soude, sulfate de cuivre.*

2. Deux kilogrammes de sel de nitre (nitrate de soude) dans quatre litres d'eau pour un hectolitre de grain.

quantité de semence à employer, la profondeur à laquelle elle doit être enterrée, dépendent de la température, de la nature du terrain, de celle des plantes. — Il vaut mieux, en général, se hâter que de se mettre en retard, surtout pour les semences du printemps. Relativement à la quantité, il faut d'autant moins de grains qu'ils sont de meilleure qualité, et que la plante est mieux appropriée au sol; il en faut moins dans les sols riches que dans les sols pauvres. — Enfin, en ce qui concerne la profondeur à laquelle on doit enfouir les semences, plus le terrain est léger, plus le climat est chaud, plus il faut semer profondément. Il ne faut pas cependant que les graines soient enfouies assez profondément pour être privées d'air, ni assez peu pour être exposées à la lumière, qui est nuisible à la germination.

On peut dire, à l'égard de ces différentes circonstances, que l'expérience est le meilleur guide, et qu'il n'y a aucune règle absolue à établir.

7. L'ensemencement terminé, il faut recouvrir les graines. On emploie dans ce but la herse ou le rouleau, si l'on a semé à la volée, quelquefois même la charrue ou l'extirpateur. — Si l'on a employé le semoir, ce travail est inutile, cette machine étant ordinairement munie d'un instrument qui recouvre la graine au moment de l'ensemencement. — On brise ensuite, si le cas l'exige, les mottes qui ont résisté, à l'aide de la herse et du rouleau, et l'on établit des rigoles d'écoulement pour les eaux de pluie, en leur donnant une pente et une direction en rapport avec ce but.

8. Transplantation. — *Semer en pépinière* ou *transplanter*, c'est arracher des plantes qui ont déjà atteint un certain degré de développement, pour les transporter dans un autre terrain où elles doivent achever leur croissance. Cette transplantation s'applique particulièrement aux plantes sarclées ou plantées en ligne, comme le tabac, la betterave, les choux, etc. — On trace, à l'aide du rayonneur, des lignes le long desquelles on *repique* la plante, c'est-à-dire qu'on l'enfonce dans un trou fait au plantoir; ou bien, selon l'état du sol et plusieurs autres circonstances, on se sert de la bêche, de la pioche, de la houe à la main ou même de la charrue.

Questionnaire.

1. Qu'entend-on par semailles?

2. Combien y a-t-il de manières de semer? — Comment s'y prend-on pour semer à la volée?

3. — pour semer au semoir?

4. Qu'y a-t-il à observer quant au choix des semences?

5. Quelles sont les précautions à prendre pour les préserver des maladies auxquelles elles sont exposées? — Qu'est-ce que le chaulage? — le pralinage?

6. Quelles sont les considérations à observer quant à l'époque des semailles? — à la quantité des semences à employer? — à la profondeur à laquelle on doit les enterrer?

7. Que reste-t-il à faire, l'ensemencement une fois terminé?

8. Qu'est-ce que semer en pépinière? — Comment se pratique cette opération?

CHAPITRE XV.

Les récoltes. — Époque à laquelle elles se font. — Principales récoltes. — Fenaison; fauchage et fanage. — Moisson; battage; nettoiement et conservation du grain. — Maladies les plus communes des plantes. — Animaux nuisibles aux plantes.

1. Récoltes. — On désigne sous le nom de *récoltes* les opérations qui ont pour objet de séparer les plantes du sol, et de les mettre en état d'être conservées plus ou moins longtemps sans altération.

2. Toutes les plantes ne se récoltent pas à la même époque de la végétation. Celles qui sont cultivées pour la semence, comme les céréales, ne se récoltent que lorsque le grain est mûr ou un peu de temps avant, pour éviter l'égrenage ou la chute des grains. Celles qui sont cultivées pour la tige et les feuilles, comme les plantes fourragères, se récoltent au commencement de la floraison. Celles dont on veut utiliser les racines ou les tubercules se récoltent quand ces parties ont atteint tout leur développement.

3. Les principales récoltes agricoles sont la *fenaison*, ou récolte des fourrages, et la *moisson*, ou récolte des céréales[1].

4. La *fenaison* comprend deux opérations distinctes, le *fauchage* et le *fanage*.

Le *fauchage* ou la coupe des prés se fait à la faux, à la sape (autre espèce de faux à manche court et droit), à la faucille ou avec des instruments plus compliqués qu'on nomme *faucheuses*.

Le *fanage* a pour objet de retourner et d'éparpiller, à l'aide de fourches et de râteaux, l'herbe fauchée pour la faire sécher. — On se sert aussi, pour accélérer cette opération, de deux instruments qu'on nomme le râteau à cheval, et le faneur mé-

1. Nous parlerons ailleurs des vendanges, qui ne rentrent pas dans les travaux agricoles proprement dits.

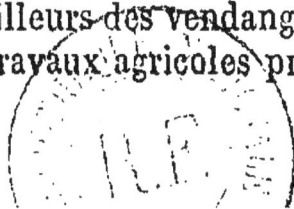

6

canique, également traîné par des chevaux.

On nomme *regain* la deuxième et la troisième récolte de foin que donnent les prairies.

5. Moisson. — La *moisson* se fait à la faucille ; à la faux, munie pour cet usage d'un treillage qui couche les épis ; à la sape, ou à l'aide des *moissonneuses*, machines mues par des chevaux et qui ne sont guère en usage que dans les grandes exploitations. **La sape, usitée surtout en Belgique, est le meilleur des instruments employés pour la moisson.**

6. Les plantes à récolter, après avoir été coupées, sont mises en javelles ou répandues par poignées sur le sol pour y laisser leur humidité. Dans les climats inconstants et pluvieux, il est préférable, quand on a lié les gerbes, de les réunir en *moyettes*[1] avant

1. Les *moyettes flamandes* sont formées de quatre gerbes, dont trois posées debout comme des fusils en faisceau, et la quatrième les épis en bas, ou-

de les mettre en meules ou de les engranger.

7. On nomme *battage* l'opération par laquelle on détache le grain de l'épi des céréales par le fléau, par les pieds des animaux (*dépiquage*), par le rouleau, par les machines à battre.

8. Le nettoiement du grain battu s'opère soit en jetant le grain contre le vent à l'aide d'une pelle, soit avec l'espèce de crible appelé *van*, soit enfin à l'aide du *tarare*, machine qui réunit l'action du van à celle du crible.

9. Les grains demandent à être conservés à l'abri de l'humidité dans des greniers où l'air circule librement, étendus en couches le moins épaisses qu'il sera possible, et remués plusieurs fois par semaine. — Les fourrages se conservent en meules ou dans les fenils ; — les racines et les tubercules, dans des caves, ou dans des fossés couverts qu'on nomme *silos*.

verte au-dessus des trois autres comme un parapluie.

10. Maladies des plantes. — Les plantes ont à redouter, soit pendant le cours de la végétation, soit après leur récolte, différentes sortes de maladies et plusieurs animaux nuisibles.

Les *maladies* les plus communes sont : la *rouille*, poussière rougeâtre qui recouvre les plantes et les fait dépérir ; la *carie*, le *charbon*, qui changent le grain en une poussière noirâtre, et l'*ergot*, sorte d'excroissance dure comme de la corne ; — le *miellat*, épanchement d'une liqueur sucrée à l'extérieur ; — la *coulure*, maladie des plantes, dont la poussière fécondante est, à l'époque de la floraison, délayée et entraînée par les pluies. — Ces maladies, qui naissent de la mauvaise qualité des semences, ou des conditions défavorables dans lesquelles se trouvent les plantes par rapport au climat, au genre de culture, ne peuvent être combattues efficacement que par une appréciation raisonnée de leurs causes et par une culture bien entendue.

11. Animaux nuisibles aux plantes. —
Les animaux les plus nuisibles aux plantes
sont : les *pucerons* et les *puces* de terre
(altises), les *chenilles* et les *limaces*, le *ver
blanc* du hanneton et les *courtilières*, les
souris et les *mulots ;* et dans les amas de
grains, divers insectes qui les dévorent, tels
que les *charançons,* les *alucites,* les *fausses
teignes, etc.* — On tue leurs œufs, on détruit leurs nids, on enfume ou l'on inonde
leurs terriers, on leur tend des piéges, on
veille à la propreté et au bon entretien des
grains par les précautions que nous avons
indiquées.

Questionnaire.

1. Qu'appelle-t-on ré-
coltes ?

2. A quelle époque les
plantes se récoltent-
elles ?

3. Quelles sont les
principales récoltes ?

4. Quelles sont les
opérations de la fenai-
son ? — Comment se fait
le fauchage ?—le fanage ?
— Que nomme-t-on re-
gain ?

5. Comment se fait la
moisson ?

6.

6. Que fait-on des plantes coupées?

7. Que nomme-t-on battage?

8. Comment s'opère le nettoiement du grain?

9. Comment se conservent les grains?

10. Qu'est-ce que les plantes ont à redouter soit avant, soit après la récolte? — Quelles sont les maladies les plus communes des plantes?

11. Quels sont les animaux les plus nuisibles aux plantes?

CHAPITRE XVI.

De la succession des cultures.— Assolement et rotation.—Plantes épuisantes et plantes fertilisantes. — Assolement triennal et jachère. — Assolement alterne. — Récoltes dérobées.

1. Toutes les plantes ne puisent pas dans le sol les mêmes matières, mais seulement celles qui sont à leur convenance. Il suit de là qu'une plante cultivée sans interruption dans le même terrain finit par en enlever tous les principes que ce terrain pouvait lui fournir, et ne peut plus y pros-

pérer. D'où la nécessité d'adopter, dans toute exploitation rurale, ce qu'on appelle un système de culture, c'est-à-dire de faire succéder une culture à une autre dans le même sol.

2. Assolement et Rotation. — On appelle *assolement* la division des terres en plusieurs parties ou *soles,* destinées à recevoir chacune une culture particulière; et *rotation*, l'ordre suivant lequel les plantes se succèdent et reviennent sur la même sole.

3. Dans le choix de ces plantes, il faut avoir égard à leur influence sur celles qui leur succéderont, et à la nature du sol. — Il y a des plantes *fertilisantes* : telles sont celles qui restituent au sol, par leurs débris, plus qu'elles ne lui ont emprunté, et qui étouffent les mauvaises herbes; exemple : la luzerne, le trèfle, etc. Il y en a d'*épuisantes* ou qui appauvrissent le sol en lui empruntant plus qu'elles ne lui rendent : tels sont le tabac, le chanvre, le blé, etc.

On comprend par là qu'il est nécessaire,

si l'on ne veut épuiser le sol, de faire succéder aux plantes épuisantes les plantes
améliorantes.

4. Les deux modes d'assolement les plus
usités sont l'assolement *triennal* et l'assolement *alterne*.

L'assolement triennal, ou de trois ans,
consiste à diviser le terrain en trois soles,
dont chacune reçoit successivement : la première année, du blé ou du seigle ; la seconde, de l'orge ou de l'avoine : le sol res-
tant en *jachère,* c'est-à-dire sans culture,
pendant la troisième.

5. Ce mode d'assolement, fondé sur la
croyance où l'on était jadis que la terre a
besoin de se reposer après deux récoltes,
est aujourd'hui regardé comme vicieux,
bien qu'encore fréquemment usité. La terre
a besoin de changement, mais n'a nul besoin de repos, car elle ne se repose jamais.
Quand on la laisse en jachère, elle produit
des mauvaises herbes qui nuisent aux récoltes suivantes, et quand on remplace cette

jachère, par exemple, par des plantes sarclées, fumées convenablement, on en retire d'abondants produits, et la terre, loin d'y perdre, y a gagné. — Le jachère a enfin l'inconvénient de diminuer beaucoup la nourriture des bestiaux, et par suite l'engrais.

6. La jachère ne devrait donc être employée que lorsqu'on manque du fumier nécessaire aux plantes sarclées, ou lorsqu'elle est rendue nécessaire par l'abondance des mauvaises herbes. En ce cas même il suffit souvent d'une demi-jachère, c'est-à-dire d'une moitié de la belle saison, pour nettoyer le sol. En aucune circonstance il ne faut laisser venir une herbe à graine dans les terres en repos; des hersages, des labours, y seront pratiqués selon l'occasion.

7. L'*assolement alterne* est celui dans lequel les plantes améliorantes succèdent alternativement aux plantes épuisantes, les plantes sarclées, qui nettoient le sol, aux plantes *salissantes* ou qui favorisent les mauvaises herbes, comme les céréales.

8. L'alternat peut être de deux, quatre ou six ans. L'alternat quadriennal ou de quatre ans est regardé comme la base de l'assolement. Les assolements à terme court ont l'inconvénient de ramener trop souvent les mêmes végétaux sur le même sol, ce qui l'épuise et le salit. — L'assolement alterne n'admet la jachère qu'exceptionnellement, dans les cas où l'on croit ne pouvoir s'en passer.

9. Voici un exemple d'assolement alterne quadriennal :

Première année, plantes sarclées (pommes de terre, betteraves, etc.);

Deuxième année, orge, avoine, etc.;

Troisième année, trèfle, sainfoin ou autre fourrage;

Quatrième année, blé.

10. On commence, dans l'exemple précédent, l'assolement par les plantes sarclées, parce qu'elles exigent des travaux ameublissants, et des engrais qui préparent le sol aux autres cultures. — On peut d'ailleurs remplacer une récolte par une autre, s'il en est besoin ; et avant de faire choix d'un assolement, il faut tenir compte de toutes les circonstances qui doivent décider de la durée plus ou moins longue de la rotation, comme la nature du sol, l'abondance ou la rareté des engrais et des fourrages, le bas prix ou la cherté de la main-d'œuvre, la proximité ou l'éloignement d'un marché.

11. Récoltes dérobées. — On appelle *récolte dérobée* celle que l'on fait dans la même année, à la suite d'une autre. Ainsi, le sarrasin peut être cultivé de cette manière après la récolte du colza.

12. Si toutes les plantes mûrissaient en même temps, le cultivateur ne pourrait suffire aux travaux de la récolte. Il faut donc combiner les différentes cultures de manière à répartir ces travaux sur plusieurs saisons, ou à pouvoir, aussitôt après l'achèvement d'une récolte, disposer le sol à celle qui doit la remplacer.

Questionnaire.

1. Les mêmes plantes peuvent-elles être cultivées sans interruption dans le même terrain? — Qu'appelle-t-on système de culture?

2. Qu'appelle-t-on assolement? — soles? — rotation?

3. A quoi faut-il avoir égard dans le choix des plantes? — Qu'appelle-t-on plantes fertilisantes? — épuisantes?

4. Quels sont les deux modes d'assolement les plus usités? — Qu'est-ce que l'assolement triennal?

5. Que faut-il penser de ce mode d'assolement?

6. A quels cas faudrait-il restreindre l'emploi de la jachère? — Quelles précautions y a-t-il à prendre dans un sol en jachère?

7. Qu'est-ce que l'assolement alterne?

8. De quelle durée est l'alternat?

9. Donnez un exemple d'assolement alterne quadriennal.

10. Pourquoi commence-t-on dans cet assolement par les plantes sarclées?—Peut-on remplacer une récolte par une autre? — Ne faut-il pas tenir lieu de plusieurs circonstances dans le choix de l'assolement?

11. Qu'appelle-t-on récolte dérobée?

12. Quelles précautions y a-t-il à prendre relativement à la combinaison des différentes cultures?

TROISIÈME PARTIE.

CULTURE SPÉCIALE DES PLANTES AGRICOLES.

———◆———

CHAPITRE XVII:

Division des plantes agricoles. — Plantes alimentaires. — Plantes farineuses. — Céréales : le blé, le seigle, le méteil; leur récolte.

1. Dans ce qui précède nous avons parlé des principes et des procédés de l'agriculture considérée en général; il nous reste à traiter des plantes agricoles les plus importantes, et des soins particuliers que réclame leur culture.

2. Nous diviserons les plantes agricoles ou cultivées dans les champs en trois classes : 1° plantes *alimentaires*, 2° plantes *fourragères*, 3° plantes *industrielles* ou *commerciales*.

3. Plantes alimentaires. — Les plantes *alimentaires* ou destinées à la nourriture de l'homme et des animaux, se subdivisent en plantes *farineuses* et en plantes *sarclées*.

4. Plantes farineuses. — Au premier rang des plantes qui fournissent à l'homme un aliment farineux sont les *céréales* ou *graminées*, essentiellement cultivées pour leurs graines, et dont la tige s'emploie aussi à l'état de paille comme litière, etc. — Les principales espèces cultivées en France sont : le *blé,* le *seigle,* l'*orge,* l'*avoine,* le *maïs,* etc.

5. Le blé ou froment. — Le *blé* est la plus utile des céréales, celle qui fournit le meilleur pain. — On peut diviser les nombreuses variétés de froment cultivées en *froments d'hiver,* qui se sèment en automne, et en *froments de printemps,* qui se sèment en mars, ou quand la terre le permet. Ces derniers ne sont guère employés qu'à défaut des premiers, ou quand le froment d'hiver n'a pas réussi.

4.

6. On distingue encore des blés *durs* et des blés *tendres*. — Les blés *durs* résistent sous la dent; leur cassure grise ressemble à de la corne. Ils se conservent bien et font un pain très-nourrissant. — Les blés *tendres* ont l'intérieur plus farineux et s'écrasent facilement : ils rendent plus de farine que les précédents. — L'*épeautre* est une espèce dont le grain ne se sépare pas de son enveloppe par le simple battage. On ne le cultive guère que dans les pays montueux et froids.

7. C'est dans les terres franches ou dans les sols composés d'argile et de sable, ou d'argile et de chaux, que le blé se plaît le mieux. — Il succède à une plante sarclée ou fourragère, ou au sarrasin.

8. Le blé est l'une des plantes les plus difficiles sur le choix des semences. On se sert ordinairement de semences récoltées l'année précédente. — Le grain, après avoir été bien nettoyé et soumis au chaulage, est semé à la volée ou au semoir, procédé

moins usité , quoique plus économique.
Ainsi, on emploie en moyenne deux à deux
hectolitres et demi de semence par hectare
quand on sème à la volée ; un hectolitre et
demi quand c'est au semoir.

9. Le blé semé à la volée doit être recouvert par un hersage qu'on recommence au
printemps. Le rouleau peut être nécessaire
dans les terres légères. — Pendant la végétation on sarcle, c'est-à-dire que l'on arrache
les mauvaises herbes, chardons, ivraies,
nielles et autres plantes nuisibles aux récoltes.

10. Les blés sont coupés un peu avant
leur pleine maturité[1] pour empêcher les
épis de s'égrener, à la faux, à la faucille ou
à la sape. Puis on les laisse quelque temps
à l'air, en javelles, en gerbes, en meulettes,
pour les faire sécher et donner aux grains
le temps de mûrir.

1. L'époque de la moisson , c'est-à-dire de la récolte des céréales, varie suivant les climats de juin
à août.

11. Le seigle. — Le *seigle*, la plus utile des céréales après le blé, fournit, outre son grain, un bon fourrage et une abondante litière. — On en connaît plusieurs variétés : le *seigle commun* ou *d'automne* ; le *seigle de mars* ou *de printemps*, qu'on sème principalement pour la paille ; et le *seigle multicaule*, ainsi nommé parce qu'il donne beaucoup de tiges.

12. Le seigle peut croître dans les terres où ne vient pas le blé. Il n'exige pas autant d'engrais, supporte le froid et se plaît dans les sols secs, sablonneux, convenablement ameublis. — Son assolement ou la place qu'il occupe dans la rotation est la même que celle du blé.

13. La semence du seigle n'a pas besoin d'être chaulée ; mais on la soumet souvent, pour lui donner plus de force, au pralinage. Sa culture ne diffère pas de celle du froment, mais il se sème plus tôt. — On emploie deux à deux hectolitres et demi de semence par hectare, terme moyen, quand on sème le seigle commun. L'espèce du printemps en demande plus, le seigle multicaule moins. Ce dernier se sème en juin, pour être converti en fourrage frais à la fin de l'automne, ou être enfoui en qualité d'engrais.

14. Le méteil. — Le *méteil* est un mélange d'un tiers de froment et de deux tiers de seigle, qu'on a semés ensemble. — Le pain que l'on fait avec le méteil est plus nourrissant que le pain de seigle pur, et se conserve longtemps frais.

L'ergot ou cette excroissance qui vient sur le grain du seigle lui communique des propriétés vénéneuses.

Questionnaire.

1. De quoi nous reste-t-il encore à parler?

2. Comment divise-t-on les plantes agricoles?

3. Comment les plantes alimentaires se subdivisent-elles?

4. Quelles sont les plantes alimentaires les plus importantes? — Dans quel but cultive-t-on les céréales? — Quelles sont leurs principales espèces?

5. Quelle est la plus utile des céréales? — Citez les principales variétés de froment.

6. N'y a-t-il pas encore d'autres variétés de blé?— Quelle différence y a-t-il entre les blés durs et les blés tendres? — Qu'est-ce que l'épeautre?

7. Dans quelles terres le blé se plaît-il le mieux?

8. Qu'y a-t-il à observer relativement aux semences?—A quelles précautions doivent-elles être soumises? — Dans quelles proportions faut-il les employer?

9. Que faut-il faire après l'ensemencement à la volée?

10. Quels soins y a-t-il à prendre des récoltes?

11. De quelle utilité est le seigle?—Citez ses principales variétés.

12. Dans quelles terres croît le seigle?

13. Qu'avez-vous à dire de la semence du seigle? — de sa culture? — de la quantité de semence à employer?

14. Qu'est-ce que le méteil?—Qu'en fait-on? — L'ergot présente-t-il des dangers pour la santé?

CHAPITRE XVIII.

Suite des plantes farineuses. — L'orge, l'avoine, le maïs, le sarrasin, le millet, le sorgho; leur récolte.

1. L'orge. — L'*orge* sert surtout dans le Nord à la fabrication de la bière. Dans le midi de la France, on en nourrit les bestiaux. Coupée en vert, c'est un bon fourrage. Sa farine, si elle n'est mêlée à celle du blé, ne donne qu'un pain grossier.

2. Il y a des *orges d'hiver,* qui se sèment en septembre, telles que l'*orge commune* et l'*escourgeon,* variétés très-productives; — des *orges de printemps* ou *de mars,* comme la *grande orge* et l'*orge nampto,* variété nouvelle très-productive, en fourrage vert notamment.

3. C'est dans les terres de moyenne consistance, ni trop fraîches ni trop humides et bien ameublies, que l'orge prospère le mieux. — Elle mûrit avant les autres céréales. — C'est après les plantes sarclées qu'elle réussit de préférence, quoiqu'elle puisse succéder à une autre céréale.

4. Il faut préserver ce grain de l'humidité, qui le fait germer. — On en emploie deux à trois hectolitres par hectare, terme moyen.

5. **L'avoine.** — Le grain de l'*avoine* est spécialement destiné aux chevaux. Quoique son gruau se mange dans quelques contrées, sa farine donne un pain de mauvaise qualité. Sa paille fournit un assez bon fourrage sec pour les bêtes à laine.

6. Il y a des variétés d'avoine à *grain blanc* et des variétés à *grain noir;* ces dernières sont les plus nourrissantes. — Il y a aussi l'*avoine commune* ou *de printemps,* et l'*avoine d'hiver,* très-productive.

7. L'avoine s'accommode de tous les terrains, excepté de ceux qui sont trop secs. Elle prospère surtout dans les terres nouvellement défrichées et dans les terres à blé.

7.

Toutefois c'est une mauvaise pratique que de la faire succéder à cette dernière céréale : c'est après les plantes sarclées ou les fourrages artificiels qu'elle doit venir.

8. Il faut, selon la variété employée, de deux à quatre hectolitres de grains par hectare.

9. Le maïs[1]. — La farine de *maïs* fournit à l'homme une bonne nourriture. On l'emploie principalement en bouillie ou en gâteau. Son grain engraisse en peu de temps la volaille. Ses feuilles sont employées à l'état frais, ou plus souvent sèches, comme fourrage ou comme litière.

10. On cultive plusieurs variétés de maïs. Il y en a à grains jaunes et à grains blancs; il y a des *maïs d'été* qui mûrissent à la fin d'août, des *maïs d'automne* qu'on récolte à l'arrière-saison. — Les deux variétés les plus cultivées sont le *grand maïs jaune* ou *maïs*

1. Improprement appelé *blé de Turquie,* car il est originaire de l'Amérique du Sud.

ordinaire, et le *maïs quarantain*, le plus précoce.

11. Le maïs se plaît dans les climats chauds, et dans les terres argilo-calcaires bien ameublies et bien fumées. — C'est une plante épuisante, qui peut venir après le blé ou le seigle, mais qui ne doit pas les précéder.

12. Par son mode de culture, le maïs appartient aux plantes sarclées, c'est-à-dire qu'on le sème en lignes, à la distance de cinquante centimètres et plus en tous sens. Quand on veut le récolter en vert comme fourrage, on le sème à la volée.

13. **Le sarrasin.** — Le *sarrasin*, improprement appelé *blé noir*, quoiqu'il n'appartienne pas à la famille des céréales, sert, par sa graine farineuse, de nourriture aux bestiaux et à l'homme. — On le mange surtout dans l'ouest de la France, sous forme de bouillie ou de galettes. — On peut aussi l'enfouir pendant la floraison comme engrais, ou l'employer comme fourrage vert.

Sa paille fournit une bonne litière et un fumier très-fertilisant.

14. Le sarrasin vient dans les terres sablonneuses les moins fertiles, et où toute autre culture réussirait difficilement. Sous ce rapport, il est d'une grande utilité à certaines contrées; mais il redoute les trop fortes variations atmosphériques, et il périt également sous l'influence des gelées, des pluies persistantes ou des sécheresses prolongées.

15. On le sème en mai, quand on n'a plus rien à craindre des gelées tardives. Il n'a d'ailleurs besoin que de passer trois mois en terre. — On le sème aussi à la suite d'une autre récolte de la même année, orge ou seigle, comme culture dérobée. Le sarrasin a l'avantage de nettoyer parfaitement le sol. — La quantité de semence nécessaire varie d'un demi-hectolitre à un hectolitre par hectare, selon qu'on veut le récolter en vert ou en graine[1].

1. Il est des plantes *légumineuses* ou à gousse,

16. Le millet, le sorgho. — Il y a deux espèces de graminées qui pourraient être rangées parmi les plantes fourragères ou parmi les plantes sarclées : ce sont le *millet* et le *sorgho* à balais. La culture et les usages de ces plantes sont les mêmes que ceux du maïs. — La tige de cette espèce de sorgho fournit d'excellents balais.

Questionnaire.

1. A quoi sert l'orge ?

2. Y a-t-il plusieurs variétés d'orge ?

3. Dans quelles terres l'orge prospère-t-elle le mieux ?

4. Quelle précaution exige sa graine ? — Combien en emploie-t-on dans l'ensemencement ?

5. A quoi sert l'avoine ?

6. Y a-t-il plusieurs variétés d'avoine ?

7. Dans quels terrains l'avoine se plaît-elle le plus ?

8. Combien faut-il

telles que les haricots, les fèves, les pois, qui fournissent également des graines farineuses et qui sont aussi admises dans la culture des champs ; mais comme elles font essentiellement partie de la culture potagère, c'est à l'occasion de cette dernière que nous en parlerons.

d'avoine pour l'ensemencement?

9. A quoi sert le maïs?

10. Y a-t-il plusieurs variétés de maïs?

11. Dans quel sol le maïs se plaît-il le mieux?

12. De quelle manière se cultive-t-il?

13. A quoi sert le sarrasin ou blé noir?

14. Dans quels terrains vient-il?

15. Quand le sème-t-on? — Combien faut-il de semence?

16. Qu'avez-vous à dire du millet et du sorgho?

CHAPITRE XIX.

Plantes sarclées. — La pomme de terre, la betterave; leurs variétés; leur culture; leur récolte. — Autres plantes sarclées.

1. Plantes sarclées. — On désigne ordinairement sous le nom de *plantes sarclées* celles que l'on cultive en lignes, ce qui permet de leur donner le *sarclage* dont elles ont besoin. Les racines ou les tubercules en forment communément le principal produit. Tels sont, pour ne parler que des espèces que l'on cultive dans les champs, la *pomme de terre*, la *betterave*, la *carotte*, le *navet*, le *topinambour*.

2. La pomme de terre. — La *pomme de terre*, la plus utile de toutes les plantes de cette classe, se cultive pour ses tubercules, qui fournissent une excellente nourriture à l'homme et aux bestiaux et qui constituent une précieuse ressource dans la disette des céréales. Ces tubercules servent aussi à la fabrication de la fécule, du glucose (sirop de pomme de terre) et de l'eau-de-vie. Ses fanes peuvent être aussi mangées comme fourrage vert par les bêtes bovines.

3. Il y a plusieurs variétés de pommes de terre : les unes sont précoces[1], les autres tardives. Les premières mûrissent en été, les secondes en automne. — Quoiqu'elles viennent dans tous les terrains, à moins qu'ils ne soient trop compactes ou trop hu-

1. La meilleure variété parmi les précoces est la pomme de terre belge de *neuf semaines*. Les variétés tardives rondes ou longues, blanches ou rouges, sont très-nombreuses, et parmi elles on peut citer la *vitelotte*, la *rohan*, la *patraque*, etc.

mides, c'est dans les terres légères, sablonneuses, convenablement fumées, qu'elles réussissent le mieux. — Elles succèdent ordinairement aux céréales, mais elles ne doivent pas précéder les plantes d'une nature analogue à la leur, ni les céréales d'hiver.

4. On reproduit la pomme de terre soit par les graines, soit par les tubercules, soit même par les germes ou *yeux* qui existent à leur surface. — Quand on se sert des tubercules (ce qui est le procédé le plus usité), il faut les prendre d'une grosseur moyenne et sains.

5. On les plante à la charrue, ce qui est plus expéditif, en ouvrant une raie dans laquelle on les dépose, ou dans des trous ouverts à la houe, procédé plus coûteux mais plus productif, à la distance de 40 à 80 centimètres en tous sens. — On en emploie en moyenne huit à douze hectolitres par hectare, suivant que le sol est plus ou moins riche.

6. Il faut aux pommes de terre des labours, des sarclages, des buttages et des binages répétés. — L'arrachage se fait à la main, à l'aide du hoyau, de la houe ou même de la charrue. — On doit les rentrer aussi sèches que possible, et les garantir de l'humidité et du froid, soit dans des caves, soit dans des *silos* ou fossés recouverts.

7. On ne connaît guère d'autre moyen de préserver ces tubercules de la maladie qui les atteint fréquemment qu'en les semant de bonne qualité, en leur donnant tous les soins que réclame une bonne culture, et en éloignant leur rotation dans le système de culture qu'on aura choisi. On ne peut guérir une plantation malade, mais on peut en sauver la récolte. Il faut, pour cela, couper au niveau du sol les fanes dès qu'elles se couvrent des taches brunes qui indiquent la maladie, et passer ensuite le rouleau sur la terre. Les tubercules ne grossissent plus, mais ils se conservent intacts.

8. La betterave. — La *betterave* est cultivée pour sa racine, que mange le bétail et avec laquelle on fabrique du sucre. — Ses feuilles, qu'on peut couper plusieurs fois pendant la végétation, se donnent aussi aux bestiaux.

9. Ses principales variétés sont : la *betterave blanche* ou *de Silésie,* la plus riche en matière sucrée; la *betterave jaune*, et la *betterave champêtre* ou *disette*, à racine très-volumineuse, rouge ou rosée, recherchées l'une et l'autre pour la nourriture des bêtes bovines.

10. La betterave réussit de préférence dans les terres à blé, dans les terrains de moyenne consistance, profonds, un peu humides, bien ameublis et bien fumés. — L'ensemencement se fait en avril par deux ou trois graines, soit en place dans des trous faits à la pioche, soit en pépinière quand on veut repiquer. — Le repiquage se fait un ou deux mois plus tard, au plantoir ou à la charrue, en lignes espacées de 50 centimètres en tous sens. — Cette méthode est préférable au semis à la volée ou même au semoir.

11. Le sol, préparé par deux ou trois labours, est plus tard butté et sarclé autant que son état l'exige. L'arrachage se fait à la fin de l'automne, à la main ou à la charrue. — L'emmagasinement doit s'opérer dans les mêmes conditions que celui des pommes de terre.

12. Autres plantes sarclées. — Plusieurs espèces de *carottes* et de *navets,* le *panais,* le *topinambour,* sont aussi admis dans la grande culture pour leurs racines, qui servent de nourriture à l'homme et au bétail pendant l'hiver. C'est ce qu'on appelle en agriculture *racines fourragères.* — Le *topinambour* réussit dans les plus mauvais terrains impropres à toute végétation. — La culture de ces diverses plantes ne diffère pas essentiellement de celle des plantes sarclées, dont nous avons parlé précédemment. Il en sera question de nouveau en traitant du jardin potager, où l'on cultive aussi leurs différentes variétés comme légumes.

Questionnaire.

1. Que désigne-t-on sous le nom de plantes sarclées? — Quels produits en tire-t-on? — Quelles sont leurs principales espèces?

2. Quels produits fournit la pomme de terre?

3. Y a-t-il plusieurs variétés de pommes de terre?

4. Comment reproduit-on cette plante?

5. Quel procédé emploie-t-on pour les planter?

6. Quels soins exige leur culture? — leur récolte?

7. Connaît-on le moyen de les préserver de la maladie qui les atteint fréquemment?

8. Que fait-on de la betterave?

9. Quelles sont ses principales variétés?

10. Dans quelle terre réussit-elle le mieux? — Comment les sème-t-on? — Comment se fait le repiquage?

11. Quels soins exige leur culture? — Quand se fait l'arrachage? — Quels soins exige l'emmagasinement?

12. N'y a-t-il pas encore d'autres plantes sarclées admises dans la grande culture? — Quels soins exigent-elles?

CHAPITRE XX.

Plantes fourragères. — Prairies naturelles ; prairies artificielles ; plantes qu'elles contiennent ; soins qu'elles réclament ; le fauchage et le fanage. — Le trèfle, la luzerne, le sainfoin; leur récolte. — Autres plantes fourragères.

1. Plantes fourragères. — On nomme *plantes fourragères* celles dont on récolte la tige et les feuilles pour la nourriture des bestiaux. — **Les** terrains sur lesquels ou cultive ces plantes s'appellent *prairies*.

Les prairies se distinguent en *naturelles* ou *permanentes*, et *artificielles* ou *temporaires*.

2. Prairies naturelles. — On appelle *prairies naturelles* ou *permanentes* celles qui se reproduisent d'elles-mêmes, et qui n'exigent presque pas de culture. C'est le moyen d'utiliser les terrains pauvres, difficiles à

travailler, sujets à être inondés. — Quand
l'herbe trop courte pour être fauchée est
consommée sur place par les troupeaux, ce
sont des *pâturages* ou des *pacages*.

3. Les prairies naturelles sont occupées
par des plantes de la famille des *graminées*,
telles que le *paturin*, le *vulpin*, le *brome*, la
fléole, la *flouve*, la *brize, etc.*

4. Les seuls soins que réclament les prairies naturelles sont : l'assainissement, si
elles sont humides; des irrigations, si elles
sont sèches; l'arrachage ou le hersage des
mauvaises herbes; dans un certain nombre
de cas, des amendements et des fumures
appropriés au sol; enfin on ensemence les
places vides avec des graminées.

5. Prairies artificielles. — On appelle
prairies artificielles ou *temporaires* celles
où l'on sème une espèce de plante fourragère que l'on y récolte pendant un certain
temps, au bout duquel elles font place à
d'autres cultures.

6. Les plantes cultivées dans les prairies

artificielles appartiennent à la famille des *légumineuses*, qui, tirant leur principale nourriture de l'air par leurs tiges et leurs feuilles, laissent plus de matériaux fertilisants dans le sol qu'elles n'en tirent ; aussi sont-elles un précédent très-avantageux pour toutes les récoltes. — Telle est leur importance sous ce rapport et sous celui du bétail qu'elles nourrissent, que bien des agronomes ont conseillé de leur consacrer la moitié des terres en exploitation.

7. Ces plantes demandent un sol convenablement ameubli par le hersage, le roulage, etc. — On les sème ordinairement au printemps, à l'abri d'une céréale.

8. La récolte des prairies naturelles et artificielles, ou la *fenaison*, comprend le *fauchage* et le *fanage*.

On doit faucher à l'époque où les plantes sont en pleine floraison, et les couper le plus près possible du sol.

9. Le fanage, qui a pour objet la dessiccation des fourrages, consiste à éparpiller

les andains[1], et à retourner fréquemment l'herbe fauchée, puis à la réunir en petits tas qu'on éparpille de nouveau le lendemain, si la dessiccation n'est pas complète.

— Les plantes des prairies artificielles demandent à être maniées avec précaution, parce qu'elles perdent facilement leurs feuilles.

10. Les principales espèces de plantes légumineuses cultivées dans les prairies artificielles sont : le *trèfle*, la *luzerne*, le *sainfoin*.

11. Le trèfle. — Il y a trois variétés principales de trèfles : le *trèfle rouge,* le *trèfle incarnat,* le *trèfle blanc.* Le *trèfle de Suède* est le plus rustique et demande une terre moins fertile.

Le *trèfle rouge* ou *commun,* plante bis-annuelle (c'est-à-dire qui dure deux ans), est le plus cultivé. — Il faut huit à douze kilogrammes de semence par hectare, suivant la nature du sol. Il vient de préférence

---

1. On nomme *andain* ce qu'un faucheur abat de foin à chaque pas qu'il fait.

dans les terres argilo-calcaires de moyenne consistance. Le plâtre est le meilleur engrais pour le trèfle. Il s'emploie à la dose de 5 à 10 kilogr. par hectare, suivant la fertilité du sol. — Il fournit deux à trois coupes par an ; mais la terre se lasse vite du trèfle, disent les cultivateurs.

12. La luzerne. — La *luzerne*, la plus productive des plantes fourragères, demande une terre profonde, ne retenant pas l'humidité qui lui est contraire, débarrassée des mauvaises herbes et fumée d'une manière durable. — On emploie, terme moyen, 24 kilogrammes de semence par hectare. — Une luzernière peut durer 12 à 15 ans et fournit habituellement quatre coupes par an dans le climat de Paris ; elle n'en fournit que deux dans le nord, et jusqu'à six dans le midi de la France.

13. Le sainfoin. — Le *sainfoin* ou *esparcette*, moins exigeant sur la nature du sol, réussit mieux dans les terrains pauvres, pourvu qu'il y rencontre un sous-sol calcaire. — On le sème au printemps, dans la proportion de quatre à cinq hectolitres par hectare. — Il ne donne qu'une coupe par an, deux au plus.

14. Autres plantes fourragères. — Les plantes fourragères les plus répandues après les précédentes sont : les *vesces* d'hiver et de printemps, qu'on emploie comme fourrage vert ou sec; — le *raygrass*, bon fourrage qu'on associe souvent à diverses légumineuses; — la *spergule* ou *spargoute*, qui donne un excellent fourrage; — la *serradelle*, la *gesse*, plantes des terrains sablonneux; — la *lupuline* ou *trèfle jaune.*

On cultive quelquefois aussi, comme plantes à fourrage vert, l'*orge*, l'*avoine*, le *maïs*, le *seigle*, les *féveroles*, etc. — L'*ajonc* ou *genêt épineux* n'est ordinairement pas cultivé, mais utilisé seulement comme plante fourragère. Il croît dans les terres maigres, sablonneuses. On broie ses tiges hérissées de piquants pour le faire consommer aux bestiaux. C'est de plus un engrais estimé.

Questionnaire.

1. Que nomme-t-on plantes fourragères? — Comment se distinguent les prairies?

2. Qu'appelle-t-on prairies naturelles? — Pâturages ou pacages?

3. Quelles sont les plantes des prairies naturelles?

4. Quels soins réclament les prairies naturelles?

5. Qu'appelle-t-on prairies artificielles?

6. A quelle famille appartiennent les plantes cultivées dans les prairies artificielles? — D'où ces plantes tirent-elles leur utilité?

7. Quels soins faut-il donner au sol des prairies? — Quand les ensemence-t-on?

8. Quelles sont les opérations usitées dans la récolte des prairies?

9. En quoi consiste le fanage? — Quelles précautions exige-t-il?

10. Quelles sont les principales espèces cultivées dans les prairies?

11. Parlez des principales variétés du trèfle; de leur culture.

12. Parlez de la luzerne.

13. — du sainfoin.

14. — des autres espèces de plantes cultivées dans les prairies.

QUATRIÈME PARTIE.

HORTICULTURE.

CHAPITRE XXI.

L'horticulture. — Le jardin potager et le verger. — Opérations horticoles. — Semis et repiquage. — Couches et serres. — Destruction des animaux nuisibles.

1. *L'horticulture* est l'art de cultiver les jardins. — Le *jardin potager* ou *à légumes* et le *verger* ou *jardin à fruits* sont deux dépendances nécessaires d'une exploitation agricole. Outre l'utilité dont elles sont aux habitants de la ferme, elles peuvent être, dans quelques circonstances favorables, comme le voisinage d'une grande ville ou d'un chemin de fer, l'objet d'une spéculation avantageuse.

Les principes généraux de l'art agricole

pouvant s'appliquer à l'horticulture, nous aurons peu de chose à ajouter à ce que nous avons dit précédemment à cet égard.

2. Il faut pour un bon jardin un terrain plat, meuble, riche en terreau, fortement fumé, à portée de l'eau nécessaire pour l'arrosage des plantes. — Si le sol est trop humide, on l'assainira par le drainage.

3. **Opérations horticoles.** — Les opérations du jardinage sont : le *défonçage,* ou un labour plus ou moins profond qu'on exécute à la bêche dans les terrains où l'on établit un potager pour la première fois ; — les *labours ordinaires,* également à la bêche, et que l'on renouvelle à chaque changement de culture ; — les *serfouissages,* ou labours qu'on exécute autour des arbres avec une binette ou serfouette ; — les *binages* et les *sarclages,* répétés assez souvent pour ne laisser subsister aucune mauvaise herbe ; — la *fumure,* pour laquelle on emploie de préférence le fumier d'écurie ou d'étable très-consommé.

Les *arrosages* sont d'une nécessité indispensable aux jardins. Il faut fréquemment les répéter, à partir du printemps jusque dans une partie de l'automne. L'eau des puits a besoin d'être exposée au soleil avant de servir.

4. Semis et repiquage. — Les *semis* s'exécutent à la main, à la volée, en lignes. — Ils se font *en place* quand le plant ne doit pas être transplanté; en *pépinière* dans le cas contraire, c'est-à-dire lorsqu'on doit *repiquer* la plante. — Semer *en planches*, c'est ensemencer des bandes de terre plus ou moins larges, séparées par un petit sentier. — Le *repiquage* consiste à transplanter une jeune plante venue de semis.

5. Les semis se font pour la plupart au printemps. — Les graines ou les jeunes plants sont préservés du froid par des paillassons ou des abris, par des châssis garnis de vitres, par des cloches en verre ou recouvertes de papier huilé. — Il est des graines qui conservent la propriété de germer pendant

cinq à six ans, telles sont les graines de
navets, de choux, etc.; d'autres qui peuvent
être semées la seconde année, comme les
graines de carottes, d'oignons; il en est enfin
qu'on préfère nouvelles, par exemple les
graines de haricots, de pois, etc. — On ne
doit récolter les graines que lorsqu'elles
sont bien mûres et sur des sujets vigoureux.

6. Couches et serres. — On appelle *couches*
des lits plus ou moins épais de fumier ou
d'autres engrais végétaux, susceptibles d'acquérir par la fermentation un degré de
chaleur qui active la végétation, et permet
d'obtenir des primeurs (légumes, salades,
fruits, etc.). Ces couches durent de six à
dix-huit mois, selon les matières dont on les
compose. — Il y a des couches chaudes, des
couches tièdes et des couches sourdes, c'est-
à-dire situées au-dessous du niveau du terrain. — Une *serre* est un abri fermé et vi-
tré dans lequel on cultive les plantes qui ne
peuvent résister aux intempéries de l'atmo-

sphère. — On distingue les serres, suivant
la température qu'on y maintient, en serres
froides, serres tempérées, serres chaudes. —
Le melon, l'ananas, et généralement tous
les végétaux qui n'auraient pas le temps de
mûrir dans nos régions froides ou tempérées, ne viennent bien que sur couches ou
dans des serres.

7. **Destruction des animaux nuisibles.** —
On peut aussi compter parmi les opérations
horticoles, en raison de son importance,
la destruction de plusieurs espèces d'animaux qui occasionnent de très-grands dégâts dans les jardins. — Nous citerons
particulièrement : l'*altise* ou *puce de terre*,
qui dévore les choux ; — les *chenilles* de
plusieurs papillons, qui occasionnent de
grands dommages aux arbres fruitiers ; —
les *fourmis*, qui se nichent dans les fruits
mûrs ; — les *courtilières* et les *hannetons*,
nuisibles surtout à l'état de *larves* ou de
vers blancs, en rongeant les racines ; — les
pucerons verts, les *limaces*, les *taupes*, non

moins à craindre dans les champs. — On emploie l'eau bouillante pour détruire les nids, le feu pour en éloigner les insectes; on écrase les larves, les chenilles et leurs œufs; on tend des piéges ou des appâts empoisonnés. L'expérience enseigne quels sont les procédés qui réussissent le mieux pour chaque espèce.

Questionnaire.

1. Qu'est-ce que l'horticulture? — De quelle utilité sont le jardin potager et le verger dans une exploitation agricole?

2. Quel terrain faut-il à un bon jardin?

3. Quelles sont les principales opérations horticoles, et comment s'exécutent-elles?

4. Comment s'exécutent les semis?

5. Quand doit-on récolter les graines? — A quelle époque se font les semis? — Quels soins réclament les graines ou les jeunes plants?

6. Qu'appelle-t-on couches et quel est leur objet? — leur durée? — leur température? — Qu'est-ce qu'une serre, et à quoi sert-elle?

7. Qu'avez-vous à dire des animaux nuisibles aux jardins? — Quels sont-ils? — Quels procédés emploie-t-on pour les détruire?

CHAPITRE XXII.

Le potager.—Légumes potagers.— Légumes à graines comestibles : haricots, fèves, pois, lentilles. — Légumes à racine tuberculeuse et bulbeuse : carottes, navets, oignons, etc.

1. Légumes potagers. — On divise les légumes du jardin potager en légumes *à graines comestibles; —* légumes *à racine tuberculeuse* ou *bulbeuse; —*légumes *à tiges* ou *feuilles comestibles ; —* légumes *à fruits comestibles.*

2. Légumes à graines comestibles. — Les légumes à graines comestibles sont : les *haricots,* les *fèves,* les *pois,* les *lentilles.* — Les graines conservées se désignent ordinairement sous le nom de *légumes secs.*

3. Les haricots. — Les haricots se cultivent pour être mangés soit en vert avec la cosse (*haricots verts*), soit sans cosse, à l'état frais ou sec (*haricots blancs*). — Il y a des haricots *ramés*, c'est-à-dire dont la tige grimpante a besoin d'un appui, tels que le *Soissons*, et des haricots *nains*, dont la tige ne s'élève pas et ne réclame pas un appui, tels que le *flageolet*. — Ce sont les premiers que l'on cultive de préférence dans les jardins. — Ces légumes craignent beaucoup l'humidité. — On les plante depuis mai jusqu'à la fin de juin.

4. Les fèves. — La *fève* proprement dite, ou *fève de marais*, se cultive comme le haricot, mais elle se sème plus tôt. On la récolte quand la cosse passe du vert au noir violet, ce qui indique la maturité. — La *féverole*, dont le grain est plus petit, est employée à la fois comme aliment pour l'homme et comme fourrage dans la grande culture. La farine de fèves peut se mêler au pain de ménage sans nuire à sa qualité, si sa proportion ne dépasse pas de 1/20e à 1/10e. Toutefois ce mélange est sévèrement interdit aux boulangers.

5. Les pois.— Les *pois* sont cultivés pour être mangés soit en vert, avec ou sans leur cosse, soit à l'état sec. — Ils se divisent, comme les haricots, en *pois ramés* et en *pois nains*, les plus estimés. — Le *pois gris* ou *pois des champs* se cultive aussi comme plante fourragère. — On sème les pois en mars.

6. Les lentilles. — On cultive deux variétés de lentilles : la *grande lentille*, dont la graine est blonde, et la *petite lentille*, à graine rouge. — Cette plante se sème pendant la dernière quinzaine d'avril, dans les terres légères. Outre ses graines, qui sont, comme celles du haricot, très-nourrissantes, on emploie aussi ses tiges comme fourrage.

7. Légumes à racine tuberculeuse et bulbeuse. — Les légumes à racine tuberculeuse et bulbeuse sont : la *pomme de terre*, la *betterave*, le *topinambour*, dont nous avons déjà parlé ; les *carottes*, les *panais*, les *navets*, les *radis*, les *oignons*.

8. Les carottes, les panais.—Les variétés de carottes cultivées de préférence dans les jardins sont : les carottes *longues* ou *rouges* et les carottes *courtes*, plus précoces. — On les sème au mois de mars, avec des graines de deux ans préférablement. — La carotte réussit dans les terres légères et fertiles. Outre son usage dans l'alimentation, c'est aussi une bonne plante fourragère.

Il en est de même de la racine du *panais*. Quant au *salsifis* et à la *scorsonère* (salsifis à racine noire), ils ne sont d'usage que comme aliments. Ces deux espèces de plantes peuvent, ainsi que les carottes cultivées pour la provision des jours d'hiver, rester en place jusqu'en hiver.

9. Les navets, les radis.—On cultive plusieurs variétés de navets et de radis : les navets *rond, demi-rond, long*, blancs tous trois; le *rutabaga* ou *navet de Suède*, à racine jaunâtre; les radis *rose, blanc, jaune, noir*. — Les navets ne servent pas seulement à la nourriture de l'homme, on les donne aussi aux bestiaux. Le rutabaga peut être donné abondamment aux vaches, ce qu'on ne peut faire des autres variétés de navets.

10. Les oignons. — Les variétés d'oignons les plus cultivées dans le jardin potager sont, en première ligne, le *jaune*, puis le *rouge pâle* ou *violet*, et le *blanc*. Ce dernier est principalement consommé à l'état frais. — On sème les oignons en février pour les récolter en septembre, ou bien on les sème en septembre, en pépinière, pour les transplanter en mars. — L'oignon est plutôt un assaisonnement qu'un aliment.

Le *poireau*, la *ciboule*, l'*ail* et l'*échalote* ont des usages analogues et se cultivent de même.

Questionnaire.

1. Comment divise-t-on les légumes du jardin?

2. Quels sont les légumes à graines comestibles?

3. Parlez des haricots.

4. — des fèves.

5.

5. — des pois.

6. — des lentilles. — de leurs variétés et de leur emploi.

7. Quels sont les légumes à racine tuberculeuse et bulbeuse?

8. Parlez de la carotte, du panais, du salsifis, de la scorsonère.

9. Parlez du navet, du radis, du rutabaga, de leurs variétés et de leur emploi.

10. Parlez de l'oignon, de ses variétés, de sa culture.

CHAPITRE XXIII.

Légumes à tiges ou à feuilles comestibles : choux, artichaut, asperge, laitue, chicorée, etc. — Plantes potagères à fruits comestibles : melon, concombre, fraisier, etc.

1. Légumes à tiges et à feuilles comestibles.— Les principaux légumes herbacés ou à tiges, feuilles, racines ou têtes comestibles, sont : les *choux*, le *céleri*, la *bette*, l'*artichaut*, l'*asperge*, l'*épinard*, l'*oseille* ; quelques espèces sont plus particulièrement employées en salade, telles que la *laitue*, la *chicorée*, l'*escarole*, la *mâche*, et d'autres, à titre d'assaisonnement, comme le *cerfeuil*, le *persil*.

2. Les *choux*, dont les feuilles fournissent le plus nourrissant et le plus important des légumes potagers, se cultivent aussi dans les champs.—On en connaît plusieurs variétés : les *choux pommés*, à feuilles lisses et à tête ronde, tels que le *gros chou blanc,* avec lequel on fait la choucroute ; le *chou vert*, le *chou rouge*, etc. ; les *choux frisés,* tels que le *chou de Milan,* qui résistent aux gelées, et qu'on peut conserver en pleine terre pendant l'hiver ; — les *choux-fleurs,* dont on mange la tête ; — les *choux-raves,* qui offrent la forme du navet et dont on mange le collet de la racine. — Les différentes variétés de choux se sèment généralement au printemps, pour être repiqués dans le courant de l'été et arrachés en automne. Ceux qu'on plante en automne n'exigent aucune façon avant le printemps. — Pour conserver les choux pendant l'hiver, on les met en jauge, et on les recouvre, s'il le faut, avec de la litière. — Ce légume et particulièrement les feuilles du chou vert, nommé *chou cavalier,* peuvent se donner aux bestiaux.

3. Il y a deux espèces de *céleri* : le *céleri commun*, dont on mange la tige, et le *céleri-rave*, dont on préfère la racine plus tendre et plus grosse que celle de l'espèce précédente. — Dans la *bette* ou *poirée* on mange principalement la nervure moyenne des feuilles ; — dans l'*artichaut*, le réceptacle et la base des feuilles ou écailles disposées en pommes à l'extrémité des tiges ; — dans l'*asperge*, le bourgeon ou *turion* de la jeune tige avant son développement, et lorsqu'elle se montre à quelques centimètres au-dessus du sol ; — dans l'*épinard* et l'*oseille*, les feuilles. — Ces légumes, qui nourrissent peu et dont quelques-uns (l'artichaut, l'asperge notamment) réclament des soins multipliés, apparaissent rarement dans le jardin de la ferme.

4. Il y a deux variétés principales de laitues : la *laitue pommée*, à forme arrondie, et la *laitue romaine*, à forme allongée. Elles se sèment au printemps pour en avoir tout l'été, ou en été pour les repiquer en au-

tomne, et en manger les feuilles au commencement de l'hiver. — Il y a aussi deux variétés préférées de chicorée : la chicorée *blanche* ou *frisée*, et la *verte* ou *endive*. On fait blanchir leurs feuilles en les privant d'air. De même que l'*escarole*, elles se sèment au printemps et se repiquent en été.

La *mâche* ou *doucette* se sème à la fin de l'automne et se mange à la fin de l'hiver. — Le *cerfeuil* et le *persil* se sèment depuis le printemps jusqu'à la fin de septembre pour s'en servir toute l'année.

5. Plantes potagères à fruits comestibles. — Les principales plantes potagères à fruits comestibles sont : les *melons* et les *tomates*, que l'on cultive sur couches ; — les *concombres*, que l'on mange en salade, ou cueillis jeunes et confits dans le vinaigre sous le nom de *cornichons* ; — les *fraisiers*, dont il existe plusieurs variétés que l'on cultive en planches ou en bordures.

On peut encore ranger dans cette classe quelques arbustes qui exigent peu de soins, comme les *groseilliers*, les *cassis*, les *framboisiers*, dont les fruits, bons à manger à l'état naturel, servent aussi à faire des confitures, des sirops, etc.

Questionnaire.

1. Quels sont les principaux légumes herbacés?

2. Parlez des choux, de leurs variétés, de leur culture, de leur emploi.

3. Parlez du céleri, de la bette, de l'artichaut, de l'asperge, de l'épinard et de l'oseille.

4. Parlez de la laitue, de la chicorée, de la mâche, — du cerfeuil et du persil.

5. Quelles sont les principales plantes potagères à fruits comestibles?

CHAPITRE XXIV.

Le jardin fruitier. — Reproduction des arbres fruitiers par bouture, marcotte ou greffe.

1. Le jardin fruitier. — Le *jardin fruitier* ou le *verger* est le terrain que l'on consacre spécialement à la culture des arbres fruitiers.

— Ces arbres se reproduisent par *bouture* ou *marcotte*, par la *greffe* et par les *semis*.

2. Reproduction des arbres fruitiers par bouture et marcotte. — Une *bouture* est une branche qu'on détache d'un végétal pour la planter en terre et lui faire prendre racine.

— La *marcotte* en diffère en ce que la branche à laquelle on fait prendre racine en la couchant en terre tient encore à la tige.

— Ces procédés, qui ne s'appliquent qu'à un certain nombre de plantes, sont d'un emploi assez rare dans la culture des arbres fruitiers.

3. Reproduction des arbres fruitiers par greffe. — La *greffe*, qui est le mode de reproduction artificielle le plus employé, consiste à appliquer sur la tige d'une plante une branche ou un bourgeon détaché d'une autre plante, de manière à ce qu'ils s'unissent entre eux et ne fassent plus qu'un même végétal[1].

1. Le mot *greffe* ou *scion* s'applique aussi au petit rameau inséré sur le *sujet* ou plante à greffer, et muni d'un ou deux bourgeons.

4. Cette opération s'applique surtout avec avantage aux arbres fruitiers. Elle a pour résultat de faire produire au sujet greffé des fruits de la qualité propre à la greffe. — Sans elle les arbres venus par semis de pepins ne produiraient que de mauvais fruits.

Une condition nécessaire au succès de la greffe, c'est que le sujet que l'on greffe soit de la même espèce ou du moins d'une espèce voisine du rameau greffé. Ainsi on ne pourrait, par exemple, greffer un pommier sur un poirier.

5. Il y a plusieurs genres de greffe. Les principales sont : la greffe en *fente,* en *couronne,* en *écusson,* et par *approche.*

6. La greffe en *fente* se pratique en insérant un rameau muni de deux bourgeons et taillé inférieurement en lame de couteau, dans une fente pratiquée sur la tige du sujet, coupée horizontalement à la hauteur désirée.

9.

Cette greffe doit se faire à l'ascension de la seve du printemps, par un temps doux, avec un rameau de l'année précédente ou de la dernière pousse coupé pendant l'hiver.

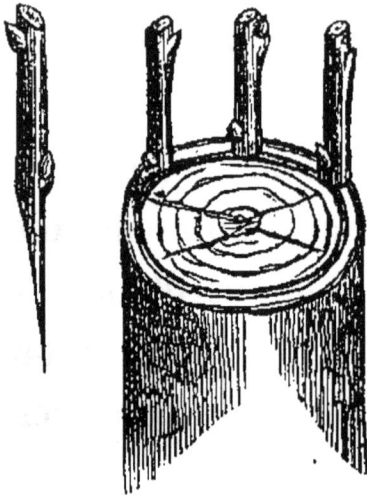

7. Dans la greffe en *couronne* (*fig.* 6), on introduit autour de la tige coupée plusieurs petits rameaux qu'on insère entre l'écorce et le bois. — Cette greffe est surtout utile pour les grosses tiges ou pour rajeunir les vieux arbres épuisés.

Fig. 6.—Greffe en couronne.

Les plaies résultant de ces deux espèces de greffe sont préservées du contact de l'air à l'aide d'un mastic nommé *cire à greffer,* ou d'un mélange d'argile et de fiente de vache, que les jardiniers appellent *onguent de Saint-Fiacre.*

8. La greffe en *écusson,* la plus usitée, consiste à appliquer une plaque d'écorce munie d'un œil sur le bois du sujet, dont

on a préalablement fendu en T et soulevé
l'écorce. — On entoure le tout avec de la
laine ou des roseaux légèrement serrés, de
manière à ce que l'écusson s'applique exac-
tement sur le bois du sujet sans laisser de
vide. — On prend cet écusson sur des
pousses de l'année; on le détache seulement
au moment de s'en servir.

9. La greffe par *approche*, principalement usitée pour les plantes délicates,
comme la vigne, le mûrier, le figuier, consiste à pratiquer sur deux plantes conti-
guës deux entailles de même étendue qu'on
met en contact de manière à ce qu'elles se
soudent entre elles, les deux plantes étant
solidement maintenues à l'aide d'une liga-
ture. — On peut de cette manière transporter la tête d'une plante sur la tige d'une
autre.

Questionnaire.

1. Qu'est-ce que le verger?

2. Qu'est-ce qu'une bouture? — une marcotte?

3. Qu'est-ce que la greffe?

4. A quels arbres s'applique-t-elle avec le plus d'avantages? — Quelle est la condition nécessaire au succès de la greffe?

5. Y a-t-il plusieurs genres de greffes?

6. Comment se pratique la greffe en fente?

7. — la greffe en couronne? — Comment traite-t-on les plaies qui résultent de ces deux espèces de greffe?

8. En quoi consiste la greffe en écusson?

9. — la greffe par approche?

CHAPITRE XXV.

Reproduction des arbres fruitiers par semis ou graines. — Leur transplantation. — Leur taille. — Principaux arbres fruitiers.

1. Reproduction des arbres fruitiers par semis ou graines. — L'emplacement sur lequel on sème les graines ou pepins se nomme *pépinière*. — Avant de semer en pépinière des pepins ou des noyaux d'arbres fruitiers, il faut d'abord défoncer le sol, puis le fumer et le livrer pendant un an à une autre culture. — L'année suivante on sème en lignes ou dans des planches disposées comme celles du potager.

2. Transplantation. — Lorsqu'ils ont atteint un an, les jeunes arbres nés de semis, ou sauvageons, sont arrachés et transplantés à la chute des feuilles, pour acquérir la force qu'ils doivent avoir avant d'être greffés. — On peut aussi transplanter au printemps dans les terres humides et compactes. — Il est bon de creuser plusieurs mois à l'avance, s'il est possible, les trous où l'on doit planter les arbres, pour que la terre s'améliore au contact de l'air. — On recommande de ne pas donner à ces trous moins d'un mètre en tous sens, et de remplir le fond avec un lit de bonne terre au moment de l'opération.

3. Le *recepage* ou *rhabillage* consiste à

raccourcir les branches, et à couper le bout des racines meurtries dans l'arrachage des arbres que l'on transplante. — On dit que l'arbre est *orienté* quand on lui donne dans le trou la direction qu'il offrait précédemment par rapport aux points cardinaux, c'est-à-dire que le côté qui regardait le nord ou le midi y répond encore[1].

4. On donne le nom de *plein-vent* aux arbres fruitiers qu'on abandonne à eux-mêmes, après les avoir plantés à intervalle suffisant pour qu'ils ne se gênent pas en grossissant : ces plantations se font souvent dans les prairies naturelles ou artificielles. On donne le nom d'*espalier* aux arbres qu'on plante devant un mur sur lequel on dirige leurs branches pour les faire profiter de la chaleur que ce mur renvoie.

5. **Taille.** — Pour tirer des arbres fruitiers, et notamment de ceux que l'on plante en espaliers, tout le parti possible, il faut

1. On peut se guider sur l'écorce, qui est plus rugueuse du côté où l'arbre regardait le nord.

les soumettre à la *taille*. C'est une opération qui consiste à retrancher en partie
leurs branches, afin de leur donner une
forme plus favorable à la production des
fruits, pyramides, palmettes ou éven-
tails, etc. [1].

6. Principaux arbres fruitiers. — Les
arbres fruitiers sont : le *pommier* et le *poirier*, qui viennent dans toutes les terres,
quoique le poirier préfère les sols calcaires
et qu'il craigne l'humidité : l'un et l'autre
se cultivent en plein vent ou en espalier;
— le *prunier* et le *cerisier*, qui réussissent
également dans tous les terrains; — l'*abri-
cotier* et le *pêcher*, plus délicats et redou-
tant les gelées, le plus souvent cultivés en
espalier; — le *figuier* et l'*amandier*, qui
ne réussissent bien que dans le Midi.

1. Nous avons dû nous borner à indiquer ici le
principe sur lequel repose l'opération de la taille,
car c'est un art très-compliqué, et dont les nombreux procédés ne peuvent être compris qu'en les
voyant pratiquer, et en lisant les traités publiés sur
ce sujet.

Questionnaire.

1. Qu'appelle-t-on pépinières ? — Quels soins exige le semis en pépinière des arbres fruitiers ?

2. Que fait-on des jeunes arbres nés de semis ?— Quels soins exige la transplantation ?

3. En quoi consiste le rhabillage ? — Quand dit-on que l'arbre est orienté ?

4. Qu'appelle-t-on arbres fruitiers de plein-vent ? — d'espalier ?

5. En quoi consiste la taille ?

6. Quels sont les principaux arbres fruitiers ?

CHAPITRE XXVI.

Le jardin d'agrément. — Plantes, arbustes et arbres d'ornement. — Abeilles, vers à soie.

1. Le jardin d'agrément. — Quand les travaux exigés par les cultures productives laissent à l'agriculteur assez de loisirs pour lui permettre d'avoir un jardin d'agrément, voici comment il devra établir le parterre où seront cultivées les fleurs.

Si l'on peut en choisir l'emplacement, la meilleure exposition est celle du sud ou du sud-ouest. Le parterre sera protégé par des murs ou par des arbres, placés à une certaine distance, contre la violence des vents qui renversent ou cassent souvent les plantes d'ornement de haute taille.

Les conditions relatives au sol et aux opérations qu'il réclame sont les mêmes que celles du jardin potager[1]. Les plantes seront cultivées en plates-bandes ou en corbeilles d'un accès facile. L'ordre, la propreté dans l'entretien du jardin, la symétrie dans les plantations, sont plus nécessaires ici que partout ailleurs.

Enfin la culture des fleurs devra être établie de manière à ce que chaque saison de l'année en présente de nouvelles aux regards des promeneurs.

1. Voir chap. xxi.

2. Plantes d'ornement. — On obtient les plantes d'ornement au moyen de semis, de boutures, d'oignons, de tubercules. Quelquefois il suffit de diviser les pieds ou touffes de plantes déjà venues.

Si l'habitation est pourvue de couches ou de serres, c'est là qu'on opère le plus souvent les semis, ou qu'on plante les boutures des plantes délicates destinées à être repiquées en pleine terre.

Ces plantes sont annuelles, bisannuelles ou vivaces.

3. Les *plantes annuelles* naissent et meurent dans l'année de leur plantation. Elles sont toujours obtenues par semis, aussi faut-il en surveiller avec soin la végétation pour recueillir les graines au moment de leur maturité. Voici le nom de plusieurs plantes annuelles cultivées dans les jardins : *balsamine, chrysanthème, immortelle, pied-d'alouette, reine-marguerite, réséda, etc.*

4. Les *plantes bisannuelles* durent deux ans et fleurissent la seconde année de leur plantation. Elles se renouvellent aussi par semis. Voici le nom de quelques plantes de ce genre : *campanule à grosses fleurs, mûflier, rose trémière, scabieuse, silène, etc.*

5. Les *plantes vivaces* vivent plusieurs années. Un certain nombre d'entre elles s'obtient par semis, d'autres par oignons ou tubercules. Il en est qui produisent moins de fleurs après plusieurs années de plantation; il faut alors les rajeunir en les dédoublant par division des touffes et des racines.

Les plantes de ce genre vivent habituellement en pleine terre. Cependant plusieurs d'entre elles ne supportant pas bien le froid, il faut les mettre en pot et les transporter pendant l'hiver dans les serres, ou à défaut dans les caves. Il est d'usage de rentrer aussi pendant l'hiver les oignons, les tubercules ou les racines d'un certain nombre de plantes vivaces. Il suffit souvent de garnir le sol qui les couvre avec de la paille, de la litière, des feuilles sèches.

Voici le nom des principales plantes vivaces cultivées dans les jardins.

Plantes à oignons ou racine bulbeuse : *iris, glaïeul, jacinthe, lis, narcisse, tulipe, etc.*

Plantes obtenues par semis : *giroflée, phlox, primevère, pétunia, pensée, lupin, pervenche, verveine, coréopsis, soleil, œillet, fuchsia, dahlia, renoncule.*

Plantes reproduites par division des pieds: *anémone, aconit, ancolie, pivoine, fraxinelle, hémérocalle.*

Plantes obtenues par bouture : *rosier, géranium* ou *pélargonium.*—C'est au moyen de la greffe que l'on reproduit toutes les variétés de roses.

6. Arbustes et arbres d'ornement. — Le jardin d'agrément est embelli à l'aide d'arbustes et d'arbres divers. Les arbustes à feuillage toujours vert sont : l'*if*, le *buis*, le *thuya*, le *genévrier*, le *laurier*. Ceux qui portent des fleurs ont les noms suivants : *lilas*, *syringa*, *azaléa*, *troëne*, *sureau*, *spirée*, *corchorus*, *cytise*, *épine-vinette*. Enfin en voici que l'on emploie à tapisser les murs et les tonnelles : *clématite*, *glycine*, *aristoloche*, *chèvrefeuille*, *vigne vierge*.

Les arbres d'ornement les plus remarquables sont : le *marronnier*, l'*acacia*, le *platane*, le *sumac*, le *vernis du Japon*, le *magnolier*, le *catalpa*, le *paulownia*, le *mélèze*, etc.

7. Abeilles. — C'est habituellement dans le voisinage du jardin d'agrément qu'on place le rucher, c'est-à-dire l'abri où l'on élève les abeilles dans des espèces de paniers nommés *ruches*. Il faut placer le rucher dans un endroit un peu découvert, l'entourer de plantes odorantes et d'arbustes. Il doit être protégé contre les grands vents, contre l'humidité et contre l'ardeur trop prolongée du soleil. Les ruches sont en paille, en jonc ou même en terre cuite ; elles sont divisées en deux pièces pour faciliter la récolte du miel. Il faut surveiller avec soin la sortie des essaims[1], qui a lieu au commencement de l'été, les suivre, et dès qu'ils sont posés les recueillir dans une ruche. C'est ordinairement après leur départ que se fait la récolte du miel. Lorsque l'hiver se prolonge et qu'on a enlevé beaucoup de miel dans une ruche, il faut pourvoir à la nourriture des abeilles. On place à cet effet dans la ruche une assiette contenant du miel ou un mélange de miel, de vin et de cassonade.

8. Vers à soie[2].— On élève les vers à soie dans le midi de la France principalement, parce que c'est là que vient le mieux le mûrier, dont les feuilles leur servent de nourriture. On appelle *magnanerie* le local où se fait l'éducation des vers à soie pendant les six à sept semaines qu'ils mettent à accomplir leurs diverses transformations, depuis l'œuf jusqu'au cocon. La température de la magnanerie doit toujours être de 20 à 25 de-

1. Voir notre *Histoire naturelle*, ch. xxviii.
2. Voir notre *Histoire naturelle*, chap. xxviii.

grés au-dessus de zéro ; l'air doit s'y renouveler facilement; la plus minutieuse propreté doit y être observée. Les feuilles de
mûrier doivent toujours être données aux
vers exemptes de toute humidité. Sans ces
précautions, on voit souvent une maladie
nommée *muscardine* attaquer les vers et les
faire périr en grand nombre.

Questionnaire.

1. Comment doit-on établir le jardin d'agré-ment?

2. Comment repro-duit-on les plantes d'or-nement?

3. Comment cultive-t-on les plantes annuel-les? — Citez-en quel-ques-unes.

4. Qu'appelle-t-on plantes bisannuelles? — Indiquez-en quelques-unes.

5. Comment cultive-t-on les plantes vivaces? — Indiquez les différen-tes variétés de plantes vivaces.

6. Quels sont les différents arbustes em-ployés dans les jardins? — Indiquez les princi-paux arbres d'ornement.

7. Comment élève-t-on les abeilles?

8. — les vers à soie?

CINQUIÈME PARTIE.

PLANTES ET ARBRES A PRODUITS INDUSTRIELS.

———✦◇✦———

CHAPITRE XXVII.

*Plantes industrielles. — Plantes oléagineuses. —
Plantes aromatiques. — Plantes médicinales. —
Plantes textiles. — Plantes tinctoriales.*

1. Plantes industrielles. — Les plantes
industrielles ou *commerciales,* c'est-à-dire
que l'on cultive, soit dans les champs, soit
dans les jardins, en vue des matières premières ou des produits qu'elles fournissent
à l'industrie, et du gain que l'on en retire
en les livrant au commerce, se classent en
plantes *oléagineuses, aromatiques, médicinales, textiles, tinctoriales.* — On peut encore y rapporter quelques espèces offrant

des usages divers, telles que la *vigne*, l'olivier, le *houblon*, le *mûrier*, le *tabac* [1].

2. Plantes oléagineuses. — Ce sont celles dont on tire des huiles employées dans l'alimentation ou dans les arts. Les principales plantes oléagineuses sont : le *colza*, la *navette*, la *cameline*, la *moutarde blanche* et la *moutarde noire*, le *pavot*, le *lin*.

3. Le *colza* est une espèce de chou sauvage que l'on cultive principalement pour ses graines, qui donnent une huile bonne à brûler. Il fournit aussi une bonne paille. — Il y a deux variétés de colza : l'une d'*hiver*, qu'on sème en juillet et qu'on récolte l'année suivante vers la même époque ; l'autre de *printemps*, qui se récolte dans la même année, mais est moins productive. — Le colza succède, dans l'assolement, à des céréales ou à des pommes de terre. Il

1. Nous nous sommes déjà occupés de quelques espèces qui fournissent des produits à l'industrie : telles sont la *betterave*, d'où l'on tire le sucre ; la *pomme de terre*, qui fournit la fécule, etc. Voir le chap. XIX.

demande un sol ameubli et bien fumé. Il résiste mal aux froids humides. — On le sème à la volée, en place ou en ligne. Cette dernière méthode, la plus avantageuse, n'exige que 6 à 8 litres de semence par hectare.

4. La *navette*, qui offre aussi deux variétés, l'une d'hiver, l'autre de printemps, se cultive comme le colza et fournit les mêmes produits, mais en moindre quantité.

La *cameline*, qui réussit dans toutes les terres et ne craint que la sécheresse, donne une huile siccative principalement employée en peinture. — On fait des balais avec ses tiges.

5. Les graines du *pavot* fournissent aussi une huile comestible de bonne qualité, et qu'on emploie également en peinture : c'est ce qu'on appelle *huile d'œillette*. — Les capsules ou têtes de pavot contiennent, en outre, un suc résineux employé en médecine comme calmant et nommé *opium*. — Le pavot ne prospère que dans de bonnes terres, fortement fumées. On le sème à la volée en février, et on le récolte en août.

Les graines du *lin*, celles du *chanvre*, plantes textiles dont nous aurons à parler tout à l'heure, fournissent aussi une huile employée pour la peinture, pour l'éclairage, la fabrication du savon[1]. La graine du chanvre est connue sous le nom vulgaire de *chènevis*.

6. Plantes aromatiques. — Ce sont celles dont on tire des aromes ou essences employées par les parfumeurs, les confiseurs, etc. On peut les cultiver comme plantes d'agrément, ou pour en faire un objet de commerce. — Les espèces les plus connues sont : l'*angélique*, dont on confit la tige; l'*anis*, dont on emploie la graine pour parfumer les liqueurs, etc.; la *lavande*, le *jasmin*[2], la *rose*, dont on extrait des huiles

1. Voir notre *Petite Chimie*, chap. xxiv.
2. Le *jasmin*, de même que l'*oranger* et la *bergamote* (variété du même genre), ne viennent en pleine terre que dans le Midi; ce n'est que là, par conséquent, qu'on peut en faire un objet d'industrie.

essentielles employées surtout comme parfums; la *violette*, la *menthe*, qui comptent aussi parmi les plantes médicinales.

7. Plantes médicinales. — Ce sont celles que l'on emploie dans le traitement de nos diverses maladies. — La culture de ces plantes est généralement négligée dans les campagnes; cependant il serait avantageux de consacrer au moins un carré de jardin (soit pour en faire usage en cas de maladie, soit même pour les vendre) aux espèces les plus usités, telles que la *mauve*, la *guimauve*, le *bouillon blanc*, la *bourrache*, la *camomille*, la *sauge*, la *réglisse*, la *mélisse*[1].

8. Plantes textiles. — Ce sont celles qui fournissent la filasse dont on fait des toiles employées comme vêtements, linge de corps, etc.; tels sont le *chanvre* et le *lin*[2].

1. Voir, pour les propriétés de ces plantes et l'usage à en faire, la *Petite Hygiène* et la *Petite Histoire Naturelle*.

2. Nous ne traitons pas ici du *cotonnier*, cette plante n'étant pas cultivée en Europe. Voir notre *Petite Histoire naturelle*, chap. XVI.

Il y a deux variétés principales de chanvre : le *chanvre commun* et celui du Pié-
mont ou *chanvre géant*, dont les tiges sont
plus grosses et plus longues. — Le chanvre
demande une terre profonde, bien ameublie
et fortement fumée. Sa culture peut se renouveler plusieurs années consécutives dans
le même terrain ou *chènevière*. — On le
sème en mai, à la volée. Il faut de 6 à 7 hectolitres de semence par hectare.

9. La récolte du chanvre se fait après la
floraison, en août pour les pieds mâles ou
sans graines, en septembre pour les pieds
femelles. — Les tiges arrachées sont exposées à la rosée, ou préférablement plongées
dans l'eau pendant six à huit jours, pour
en séparer plus facilement les fibres qui
doivent former la filasse dont on fabrique
des toiles ou des cordages : c'est l'opération
qu'on nomme *rouissage*. Elle doit se faire
loin des habitations, en raison des émana-
tions insalubres qu'elle répand dans l'air
environnant. — Le rouissage terminé, la fi-

10.

lasse est séchée, ensuite broyée à l'aide d'un instrument particulier, puis enfin peignée.

10. Le *lin* a les mêmes usages que le chanvre; il est soumis à la même culture, et sa filasse se prépare de même. — Outre l'huile qu'on retire de sa graine, on en fait aussi une farine très-employée en médecine à faire des cataplasmes. Le chanvre et le lin ont un ennemi redoutable dans une plante parasite, nommée *cuscute*[1], qui envahit les plantations si on ne la détruit pas dès qu'elle paraît.

11. Plantes tinctoriales. — Ce sont celles qui fournissent des couleurs qu'on emploie dans l'art de la teinture.

La seule espèce dont la culture ait de l'importance en France est la *garance*, dont la racine fournit une couleur rouge employée à teindre les draps destinés à notre armée. — La garance demande un sol profond, bien fumé, et beaucoup de façons.

1. Nommée vulgairement *teigne, cheveux du diable, etc.*

On ne la récolte qu'au bout de trois ans. — On la cultive aux environs d'Avignon, en Alsace, etc.

Les autres plantes tinctoriales qui croissent en France y sont peu cultivées de nos jours, parce que les couleurs qu'on en tire nous arrivent à bas prix de l'étranger, ou parce qu'elles sont remplacées par des produits chimiques. Ce sont : la *renouée des teinturiers*, le *pastel*, qui fournissent une couleur bleue ; la *gaude* et le *safran*, une couleur jaune, etc.

Questionnaire.

1. Qu'appelle-t-on plantes industrielles ou commerciales ?

2. Nommez les principales plantes oléagineuses.

3. Parlez du colza, de ses variétés, de sa culture.

4. Parlez de la navette, de la cameline ?

5. Parlez des usages du pavot, de sa culture, de ses variétés.

6. Qu'est-ce que les plantes aromatiques ? leur usage.

7. Qu'est-ce que les plantes médicinales ? — Citez les principales.

8. Qu'est-ce que les plantes textiles ? — Par-

lez du chanvre, de ses variétés, de sa culture.

9. Parlez de la récolte du chanvre.

10. Parlez du lin et de son utilité.

11. Qu'est-ce que les plantes tinctoriales? — Parlez de la garance; — des autres plantes tinctoriales.

CHAPITRE XXVIII.

Plantes usuelles diverses. — La vigne. — L'olivier. — Le houblon. — Le tabac. — La cardère. — La chicorée. — Arbres à produits usuels.

1. Plantes usuelles. — Les plantes usuelles, qu'on ne peut rapporter à aucune des classes précédentes, parce qu'elles fournissent des produits d'une nature très-différente, sont l'objet d'une culture particulière dont il faut chercher les détails dans les livres qui en traitent d'une manière expresse. Nous nous en tiendrons ici aux généralités les plus importantes qui les concernent.

Les principales de ces plantes cultivées

en France sont : la *vigne*, l'*olivier*, le *houblon*, le *tabac*, la *cardère*, la *chicorée*.

2. La vigne. — La *vigne*, cette plante grimpante ou sarmenteuse qui produit le raisin avec lequel on fait le vin, offre un grand nombre de variétés ou *cépages*, d'où la diversité qu'on trouve dans les vins. — Sa tige se nomme *cep*; ses branches s'appellent *sarments*; les plantations étendues de vignes constituent des *vignobles*. — Tantôt la vigne est attachée à des arbres ou à de grands tuteurs (échalas), tantôt on ne lui laisse qu'un demi-mètre à un mètre de hauteur, 4 à 5 décimètres seulement dans les vignes basses, tantôt on la laisse ramper sur le sol comme dans le midi de la France. Les vignes basses, profitant mieux de la chaleur du sol, sont préférables dans les climats tempérés.

3. La vigne se plaît dans les terrains calcaires, secs et chauds, en pente et exposés au soleil. Elle réussit aussi dans les terrains sablonneux ou granitiques à fond perméable. — On la plante de janvier à avril dans un sol bien ameubli; sa culture exige beaucoup de façons. — On la multiplie ou on la rajeunit par bouture, marcotte ou provignage (ce qui est une espèce de marcotte[1]), rarement par la greffe ou le semis. — On la plante en lignes, pour pouvoir biner et sarcler facilement avant la floraison, et la débarrasser des mauvaises herbes qui lui seraient très-nuisibles; et on la taille suivant sa force, court quand les ceps sont faibles, long quand ils sont vigoureux. Cette opération a beaucoup d'influence sur la quantité des produits. Les fumiers chauds sont nuisibles à la vigne; le meilleur engrais qu'elle puisse recevoir est celui de ses propres sarments, verts ou secs, hachés et enfouis au pied des ceps.

1. Le provignage se fait en couchant les vieux ceps dans des trous d'où on ne laisse sortir que deux ou trois sarments vigoureux, que l'on raccourcit en leur laissant deux à trois bourgeons au-dessus de la terre.

On doit récolter par un beau temps et quand le raisin est bien mûr. — La vendange faite, on enlève les échalas et l'on ébarbe, c'est-à-dire que l'on coupe l'extrémité des sarments.

4. L'olivier. — L'*olivier*, dont les fruits ou baies fournissent l'huile comestible la plus estimée, se multiple par semis, par la greffe et par drageons (rejetons enracinés). La variété préférable, parce qu'elle résiste le mieux au froid, est l'*olivier sage des Pyrénées*. — On le plante en lignes, à l'automne; il fleurit en avril; le fruit est mûr en novembre. — Cet arbre à feuilles persistantes, très-sensible à la gelée, ne pousse que dans nos départements méridionaux. L'olivier est soumis à la taille tous les 2 ans, et doit recevoir tous les 3 ans une fumure abondante.

5. Le houblon. — Le *houblon* est une plante grimpante que l'on cultive pour son fruit ou *cône*, qui sert à faire la bière. — Le houblon se plante au printemps ou à l'automne dans un sol qui doit être défo

On le soutient à l'aide de longues perc

ou de fils de fer tendus sur des appui:

Les houblonnières demandent un sol r

et profond, une fumure abondante.

cendres de houille, à la dose de 10 he

litres par hectare, y sont employées

avantage. — Après la cueillette, qui se

en septembre, le fruit est séché dans

greniers. La durée d'une houblonnièr<

de 10 à 12 ans.

6. Le tabac. — Le *tabac* est une pl

herbacée que l'on cultive pour ses feui]

dont on se sert, après les avoir fait séc,

pour fumer ou pour priser. — Ce vég

se sème en mars, à la volée ou en lig#

dans une terre à blé bien ameublie et]

fumée. Le tabac réussit le mieux dan:

terres calcaires, et le fumier de mouto

celui qu'il faut employer de préférence (

sa culture. Il ne doit jamais, dans l'as:

ment, succéder à une céréale. On le tr

plante en juin. Sa culture réclame de n

breuses façons. — On récolte le tabac dans la seconde quinzaine de septembre. Un hectare peut donner jusqu'à 5,000 kilogrammes de feuilles.

7. La cardère, la chicorée. — On peut rattacher encore à cette classe de plantes la *cardère* ou *chardon à foulon*, qu'on emploie dans les fabriques de drap et de bonneterie : elle vient dans les terres argileuses, même lorsqu'elles ne sont point fertiles ; — la *chicorée sauvage*, dont la culture grossit la racine : réduite en poudre, cette racine se vend sous le nom impropre de *café de chicorée*.

8. Arbres à produits usuels. — Il est quelques arbres qui, sans faire essentiellement partie de la culture des champs ou des jardins, peuvent trouver leur place sur les dépendances de la ferme, ou sur le bord des chemins qui y conduisent. Tels sont : le *noyer*, le *châtaignier*, le *mûrier*.

Le *noyer*, outre l'utilité dont il est dans l'ébénisterie, fournit ses noix, aliment sain et agréable, dont on retire une huile particulièrement employée en peinture. — Le *châtaignier* est cultivé dans plusieurs parties de la France pour l'excellent bois de construction qu'il donne, et pour ses fruits que l'on vend sous le nom de *châtaignes* et de *marrons*. — Le *mûrier* est un arbre dont on cultive deux variétés : le mûrier *noir*, pour son fruit, et le mûrier *blanc* pour ses feuilles, qui servent à nourrir les vers à soie. Cet arbre se multiplie par graines, par boutures et par marcottes, dans les terres sèches et légères préférablement. Le mûrier blanc est principalement cultivé dans les départements du Midi.

Citons encore parmi les arbres les plus intéressants et les plus répandus : le *bouleau*, le *hêtre*, le *charme*, employés surtout comme bois de chauffage; le *chêne*, le *pin*, le *sapin*, employés dans les constructions; le *peuplier*, le *tilleul*, l'*orme*, le *frêne*, utilisés comme bois d'œuvre dans les arts. — Le pin et le sapin produisent la térébenthine;

les fruits du hêtre, nommés faînes, donnent
une bonne huile comestible.

Questionnaire.

1. Quelles sont les plantes usuelles dont il nous reste à parler?

2. Parlez de la vigne, — de la manière de la planter.

3. Dans quels terrains se plaît-elle? — Quels soins réclame sa culture?

4. Parlez de la culture et de l'emploi de l'olivier.

5. — du houblon.

6. — du tabac.

7. A quoi sert la cardère? — la chicorée?

8. Quels sont les principaux arbres utiles par leurs produits?

TABLE DES MATIÈRES.

———◆———

Introduction.

But et importance de l'agriculture. — Dignité et avantages de la profession d'agriculteur. — Divisions de ce livre.   *Page* 1

Première Partie : la Ferme.

Chap. Iᵉʳ. — Constructions rurales. — La ferme. — Son emplacement. — Ses diverses parties. — Le logement du fermier. — Les granges. — Les écuries et étables. — Le jardin potager.   7

Chap. II. — Les habitants de la ferme. — Le maître et les serviteurs. — Leurs devoirs respectifs; qualités dont ils doivent faire preuve. 12

Chap. III. — Les instruments aratoires de la ferme. — Instruments servant dans la culture à bras. — Instruments et machines employés dans les travaux exécutés à l'aide d'attelages.   16

Chap. IV. — Le bétail de la ferme. — Service qu'il lui rend. — Nombre et choix des bestiaux. — Conditions nécessaires à la bonne tenue du bétail. — De l'élève des bestiaux. — De leurs maladies.   26

Chap. V. — Diverses espèces de bétail. — Espèce
chevaline. — Espèce bovine. — Espèce ovine.
— Espèce porcine. — Lapin. — Volaille. 32

Deuxième Partie : le Sol.

Chap. VI. — Le sol et le sous-sol. — Composition
du sol. — Terres sablonneuses, argileuses, calcaires, etc. — Nature du sous-sol. — Circonstances
diverses qui influent sur la fertilité du sol. 40

Chap. VII. — Préparation du sol. — Défrichement. — Écobuage. — Défoncement. — Défrichement des terrains boisés. — Culture des terres
défrichées. — Épierrement. 47

Chap. VIII. — Assainissement du sol. — Procédés
divers : rigoles et fossés d'écoulement; drainage.
— Irrigation. — Ses différents modes. 52

Chap. IX. — Amendements; leur nécessité. —
Deux sortes d'amendements. — Amendements
proprement dits. — La chaux; manière de l'employer. 59

Chap. X. — Suite des amendements. — La marne;
ses caractères, son emploi. — L'argile et autres
amendements. — Le plâtre et autres stimulants. 64

Chap. XI. — Engrais; leur nécessité. — Diverses sortes d'engrais. — Engrais mixtes. — Le
fumier; ses diverses espèces; soins qu'il exige;
manière de l'employer. — Autres engrais
mixtes. 70

Chap. XII. — Suite des engrais. -- Engrais animaux : l'urine, le sang et la chair, la gadoue et la poudrette, la colombine, le guano, l'engrais poisson. — Engrais végétaux : les engrais verts, les varechs, les tourteaux, etc. 77

Chap. XIII. — Les travaux aratoires. — Labours et façons. — Diverses espèces de labours; conditions dans lesquelles ils doivent se faire. — Défoncement. — Des façons les plus usitées; comment elles se pratiquent. 82

Chap. XIV. — Semailles. — Semailles à la volée, au semoir. — Choix des semences. — Chaulage. — Conditions à observer dans les semailles. — Opérations à exécuter à la suite de l'ensemencement. — Transplantation. 89

Chap. XV. — Les récoltes. — Époque à laquelle elles se font. — Principales récoltes. — Fenaison; fauchage et fanage. — Moisson; battage; nettoiement et conservation du grain. — Maladies les plus communes des plantes. — Animaux nuisibles aux plantes. 96

Chap. XVI. — De la succession des cultures. — Assolement et rotation. — Plantes épuisantes et plantes fertilisantes. — Assolement triennal et jachère. — Assolement alterne. — Récoltes dérobées. 102

Troisième Partie : Culture des plantes agricoles.

Chap. XVII. — Division des plantes agricoles. — Plantes alimentaires. — Plantes farineuses.

— Céréales : le blé, le seigle, le méteil; leur récolte. 109

Chap. XVIII. — Suite des plantes farineuses. — L'orge, l'avoine, le maïs, le sarrasin, le millet, le sorgho; leur récolte. 116

Chap. XIX. — Plantes sarclées. — La pomme de terre, la betterave; leurs variétés; leur culture; leur récolte. — Autres plantes sarclées. 122

Chap. XX. — Plantes fourragères. — Prairies naturelles; prairies artificielles; plantes qu'elles contiennent; soins qu'elles réclament; le fauchage et la fenaison.— Le trèfle, la luzerne, le sainfoin; leur récolte. — Autres plantes fourragères. 129

Quatrième Partie : Horticulture.

Chap. XXI. — L'horticulture. — Le jardin potager, le jardin fruitier et le jardin d'agrément. — Opérations horticoles. — Semis et repiquage. — Abris, couches, serres. — Destruction des animaux nuisibles. 136

Chap. XXII. — Le jardin potager. — Légumes potagers. — Légumes à graines comestibles : haricots, fèves, pois; lentilles. — Légumes à racine tuberculeuse et bulbeuse : carottes, navets, oignons, etc. 142

Chap. XXIII. — Légumes à tiges ou feuilles comestibles : choux, artichaut, asperge, laitue, chicorée, etc. — Plantes potagères à fruits comestibles : melons, concombres, fraisiers, etc. 147

CHAP. XXIV. — Le jardin fruitier. — Reproduction des arbres fruitiers par bouture, marcotte, greffe. 151

CHAP. XXV. — Reproduction des arbres fruitiers par semis ou graines. — Leur transplantation. — Leur taille. — Principaux arbres fruitiers. 156

CHAP. XXVI. — Le jardin d'agrément. — Plantes, arbustes et arbres d'ornement. — Abeilles, vers à soie. 160

Cinquième Partie : Plantes à produits industriels.

CHAP. XXVII. — Plantes industrielles. — Plantes oléagineuses. — Plantes aromatiques. — Plantes médicinales. — Plantes textiles. — Plantes tinctoriales. 168

CHAP. XXVIII. — Plantes usuelles diverses. — La vigne. — L'olivier. — Le houblon. — Le tabac. — La cardère. — La chicorée. — Arbres à produits usuels. 176

FIN.

On trouve à la même librairie :

Leçons primaires d'Arpentage, comprenant la pratique de l'arpentage, le nivellement, la géodésie, le lever et le lavis des plans, à l'usage des écoles primaires, par *M. Gillet-Damitte,* inspecteur de l'instruction primaire : 3e édition, revue et augmentée; 1 vol. in-12, publié en trois parties, *avec de nombreuses figures,*   cart. 3 f. Chaque Partie se vend séparément.

Notions de Physique applicables aux usages de la vie, rédigées d'après les programmes officiels, à l'usage des élèves des écoles primaires et normales et des pensionnats, par *M. Honoré Regodt,* professeur de sciences de l'association philotechnique : 24e édition, revue et mise au courant des dernières découvertes; 1 vol. in-12, *avec gravures dans le texte,*   cart. 2 f. 25 c.

Notions de Chimie applicables aux usages de la vie, rédigées d'après les programmes officiels, à l'usage des élèves des écoles primaires et normales et des pensionnats, par *M. Honoré Regodt,* professeur de sciences de l'association philotechnique : 20e édition, revue et modifiée; 1 vol. in-12, *avec gravures dans le texte,*

    cart. 1 f. 60 c.

Notions d'Histoire Naturelle applicables aux usages de la vie, rédigées d'après les programmes officiels, à l'usage des élèves des écoles primaires et normales et des pensionnats, par *M. Henri Regodt,* professeur de sciences naturelles : 5e édition : 1 vol. in-12, *avec gravures dans le texte,*   cart. 2 f. 25 c.

Leçons élémentaires d'Agriculture, rédigées d'après les programmes officiels pour l'usage des élèves des écoles normales primaires et des écoles professionnelles, par *M. A. Ysabeau,* agronome : 8e édition; 1 vol. in-12, *avec gravures dans le texte,*   cart. 2 f.

Leçons élémentaires d'Horticulture, rédigées d'après les programmes officiels pour les élèves des écoles normales primaires et des écoles professionnelles, par *M. A. Ysabeau,* agronome : 5e édition; 1 vol. in-12, *avec gravures dans le texte,*   cart. 1 f. 60 c.

Le Père Éloi, ou les Causeries d'un vieux laboureur sur l'agriculture et l'histoire naturelle, livre de lecture à l'usage des écoles, par *M. Ysabeau,* agronome; 1 vol. in-12.   cart. 1 f. 10 c.

www.ingramcontent.com/pod-product-compliance
Lightning Source LLC
Chambersburg PA
CBHW060543210326
41519CB00014B/3321